鳥類標識調査
100年

足環《あしわ》をつけた鳥が教えてくれること

公益財団法人
山階鳥類研究所 著

山と溪谷社

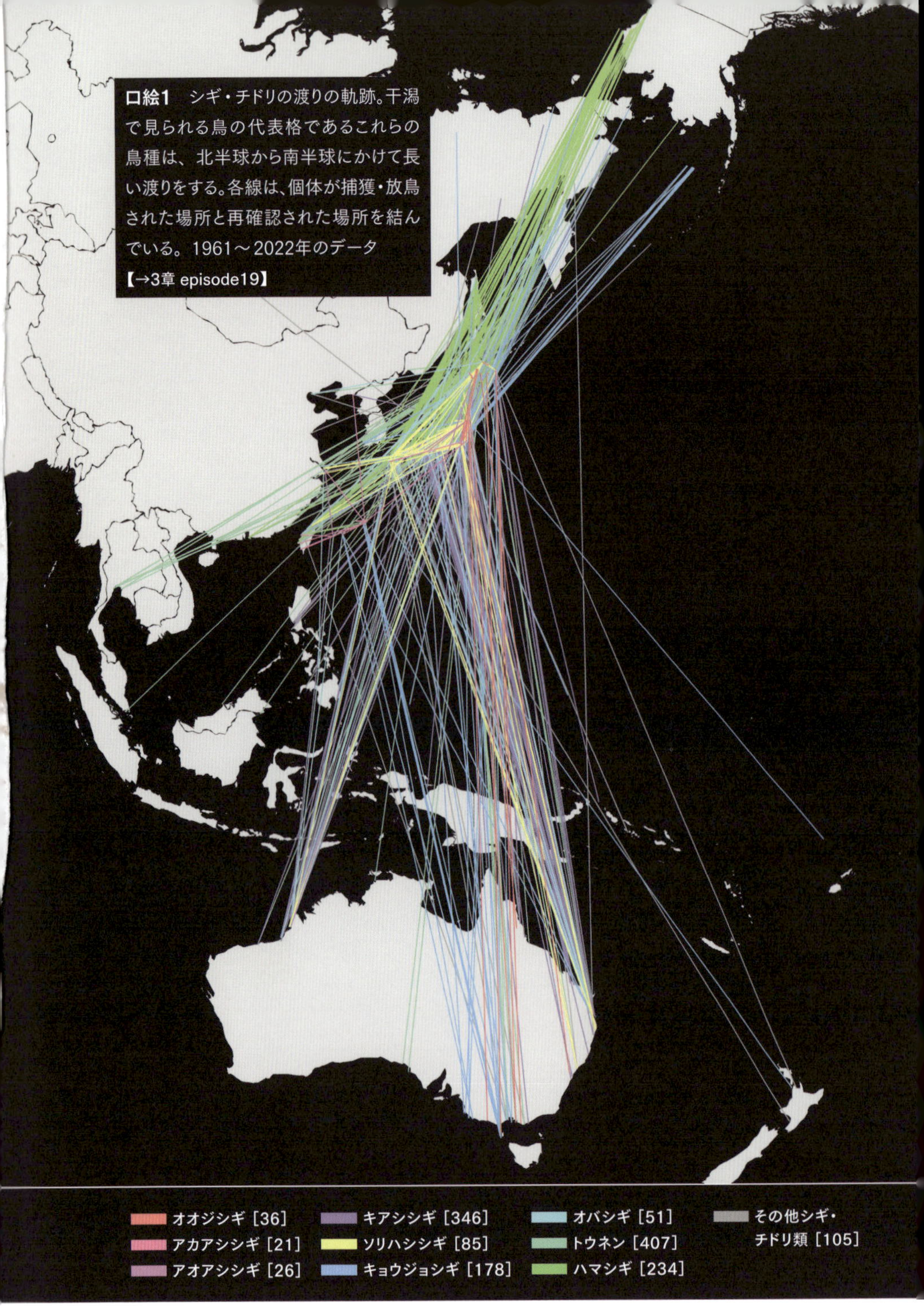

口絵1　シギ・チドリの渡りの軌跡。干潟で見られる鳥の代表格であるこれらの鳥種は、北半球から南半球にかけて長い渡りをする。各線は、個体が捕獲・放鳥された場所と再確認された場所を結んでいる。1961～2022年のデータ
【→3章 episode19】

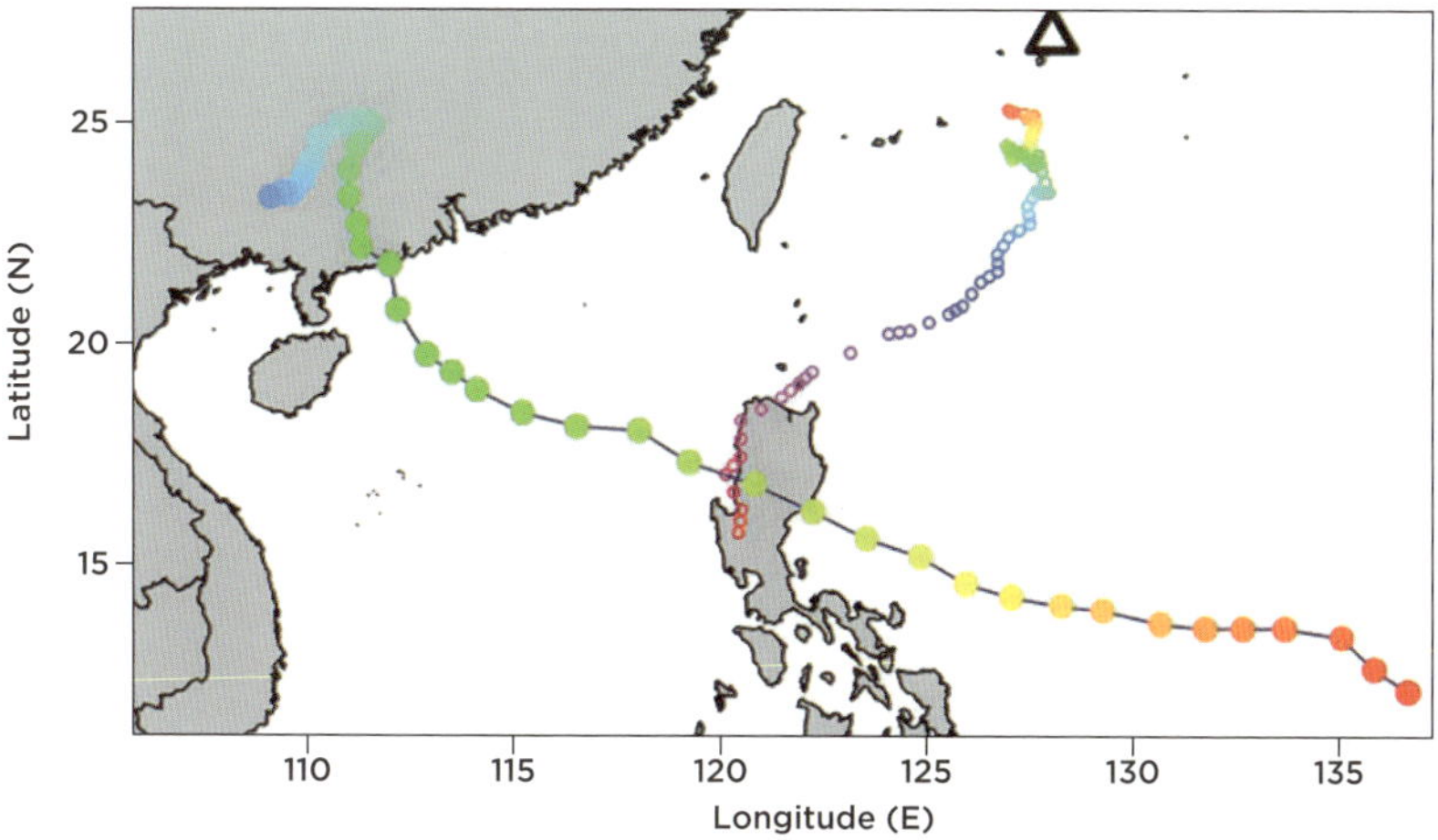

口絵2　標識調査の一環として、ジオロケーターを装着し移動経路を追跡する研究も行われている。地図は、台風の進路(塗り丸)とエリグロアジサシの渡り(白抜き丸)の記録(同時期にとられたデータを同色で示している)。気象は、鳥の渡りにどう影響しているだろうか

Thiebot et al. (2020) を改変

【→1章 episode6】

ジオロケーターを装着されたエリグロアジサシ

フラッグを装着されたハマシギ (写真提供:中村さやか氏)

口絵3　標識調査では捕獲した個体に金属足環をつけ、放鳥する

口絵4　標識調査に使われるかすみ網。草むらに潜む小さな鳥の存在を把握するのにも標識調査は有効である。福井県敦賀市の中池見湿地での調査では、当時絶滅危惧種に位置づけられていたノジコの重要な渡り中継地であることが明らかとなった
【→3章 episode23】

口絵5　2019年に福岡で標識され、2021年に韓国で確認されたユリカモメ。「45A」と書かれた赤い色足環（カラーリング）が確認できる。ユリカモメは東京でも見られるが、東京のユリカモメとは繁殖地の異なる集団であることが標識調査で示された

【→1章 episode3】

口絵6　アホウドリは、伊豆諸島鳥島で生まれた個体（上）と尖閣諸島で生まれた個体（下）で嘴などに違いがある（写真はいずれもオス）。この2つの繁殖地で生まれた集団は、同じアホウドリと呼ばれながら、実は別種なのではないか。調査困難な地で生まれた個体の正体を標識調査から突き止めた

（写真提供：今野怜氏）　【→3章 episode22】

口絵7　長い間謎とされてきた越冬地が、標識調査から明らかになる例がある。日本の沖縄周辺で繁殖するベニアジサシは、当時想定されていなかった意外な場所で越冬していることが判明した　**【→1章 episode5】**

沖縄県うるま市勝連半島で撮影されたショッキングな写真。上記越冬地で足環をつけられたベニアジサシであることが判明した。長距離の移動を無事に果たしても、危険は常につきまとう（写真提供：上原勝氏）

口絵8　渡り鳥に国境はない。渡りルートの解明には、国際協力も不可欠だ。コクガンの繁殖地を追跡するプロジェクトは、日本、ロシア、アメリカをはじめ、中国、韓国の研究者も巻き込むものとなった。写真右はロシアの北極圏での分布調査。軽量飛行機の背後にコクガンが見られる。写真下は上空から撮影した換羽中のコクガンの群れ

（写真提供:Sonia Rozenfeld氏）**【→1章 episode10】**

口絵9　野鳥もさまざまな病気にかかるため、国境なく行き来する渡り鳥が病原体を運ぶこともある。標識調査では、捕獲した野鳥の血液や糞からウイルスの有無を調べたり、体表についたマダニが保有する病原体を調べる調査も行われている。写真は北海道で捕獲されたアオジ。目の周りにマダニがついている

【→4章 episode29】

標識調査で新種として発見されたヤンバルクイナの成鳥

口絵10　標識調査で新種が発見される例がある。沖縄県のやんばる地域で噂になっていた「謎の鳥」は、後の標識調査で正体が判明し、新種のクイナの仲間として、学名*Rallus okinawae*が与えられた（現在の学名は*Hypotaenidia okinawae*）。和名はヤンバルクイナ。写真左は標識調査で足環をつけ放鳥された成鳥。写真右はその前年の調査時に描かれたスケッチ

【→4章 episode26】

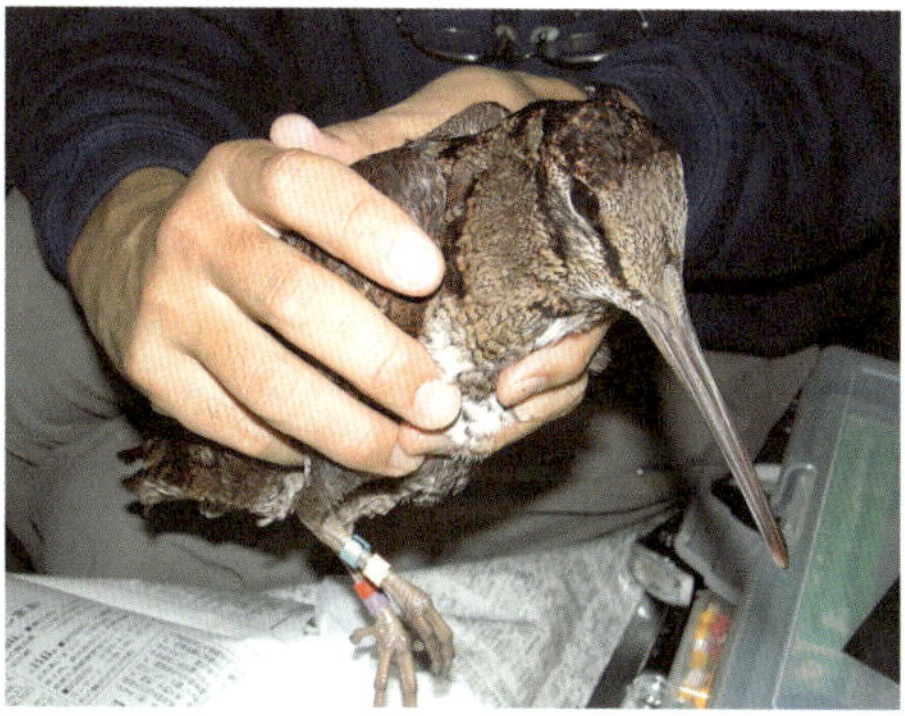

口絵11　琉球列島の固有種であるアマミヤマシギでは、保全事業の一環として2002年から標識調査が続けられている。標識は右足に金属足環1つとカラーリング1つ、左足にカラーリング2つを装着し、色の組み合わせで個体を識別する

【→2章 episode15】

口絵12　現在、日本の特別天然記念物に指定されているトキは、環境省が主体となり、野生復帰のための取り組みが進められている。事業の進捗状況やトキの生態を知るための調査に欠かせないのが、個体を識別し、個体レベルで追跡することだ。野外の水田で採餌するこのつがいは、つけられた足環から#98のオスと#156のメスと確認できる

【→3章 episode21】

目次

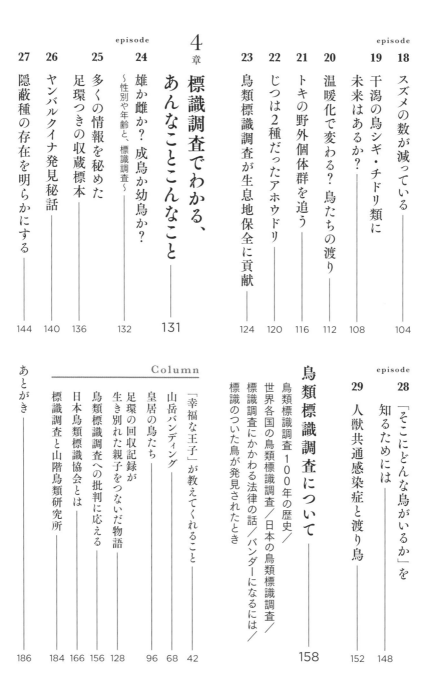

はじめに

私たちは、鳥のことを、どこまで知っているのだろう

春、暖かくなると、街なかを
ツバメが飛び回るようになります。
近所の池では、カモの群れがいつの間にか
姿を消していることに気づく人もいるでしょう。
反対に秋になるとツバメは見かけなくなるし、
カモはまた池に戻ってきます。

季節が変わると、
それまでいなかった鳥が現れたり、
それまでいた鳥がいなくなったりする。
これはいったいなぜなのでしょうか。

私たちは、ツバメやカモが「渡り鳥」であり、
季節によって生息場所を変えることを、

知識としてなんとなく知っています。
しかし、そういった知識のなかった昔の人にとって、
この現象はとても不思議なものでした。
そのため、鳥がいなくなるのは別の種に変身するからだとか、
泥の中で眠るからだとか、月に行ってしまうからだとか、
いろんな想像を膨らませていたそうです。
現代の私たちからすれば的外れな妄想にも思えますが、
でもちょっと考えてみましょう。私たちは渡り鳥について、
昔の人よりも知っているといえるでしょうか。

たとえば、どこの国のどこの地域に行くのか。
どんな経路を、どのくらいの時間をかけて移動するのか。
渡りの途中や渡った先で、どんな生活をしているのか。

こう考えると、「渡り鳥」についての私たちの知識は、
いまだ表層をなぞっているだけで、
それほど深まってはいないのかもしれません。

鳥に関して私たちが知らないことは、
渡りについてだけではありません。
寿命はどれくらいか。何を食べているのか。
私たちの住んでいる地域にどんな鳥がいるのか。
新種はまだ見つかるのか。
鳥インフルエンザはどうやって広がるのか。
地球温暖化をはじめとする環境問題は
鳥にどんな影響を与えるのか……。

身近な鳥のことなんてよく知られていると思いきや、
わかっていないことも多い、
というより、わかっていないことのほうが多いのです。

そんな鳥たちのことを少しでも理解するために、
研究者たちは日々研究に励んでいるわけですが、
その研究の多くの場面で必要となる手順があります。

それは、「**個々の鳥を見分けること**」です

（これを少し専門的に「個体識別」といいます）。

たとえば日本にいるツバメと同じ種のツバメが
フィリピンで見つかったとしても、それをもって
「日本のツバメはフィリピンに渡っている」とはいえません。
フィリピンで見つかったツバメは
日本以外の場所から来るのかもしれないし、日本のツバメが
フィリピン以外の場所に渡っている可能性もあるからです。

日本で個体識別したツバメがフィリピンで見つかって初めて
「日本のツバメはフィリピンに渡っている」ことを証明できます。

この、個体識別を可能にする手法の一つとして
山階鳥類研究所が長年取り組んできたのが、
「**鳥類標識調査**」です。

どんな調査なのか、みていきましょう。

おしえて！

鳥類標識調査

鳥類標識調査では、鳥を「捕まえて」
「標識（目印）をつけて」「放す」ことを繰り返します。

Q どんな目印をつけるのですか？

A. 足環と呼ばれる、番号のついた金属製のわっかを足につけます。

主要な標識は金属足環です。鳥の足の太さは種によって異なるので、たくさんのサイズが用意されています。またそれ以外にも、プラスチック製のカラーリング（足環や首環）やカラーフラッグ（旗）をつけたり、さらにウイングタグと呼ばれる器具を翼につけたり、調査の目的によっては発信器をつけることもあります。

金属足環

カラーフラッグ

カラーリング

Q どんなふうに足環をつけるのですか？

A. 捕獲方法は
いくつかありますが
ここではかすみ網を使った方法を
みてみましょう。

※現在、かすみ網は所持や使用が法律により禁止されています。鳥類標識調査は、特別な訓練をした鳥類標識調査員（バンダー）が環境省から許可を得て行っています。

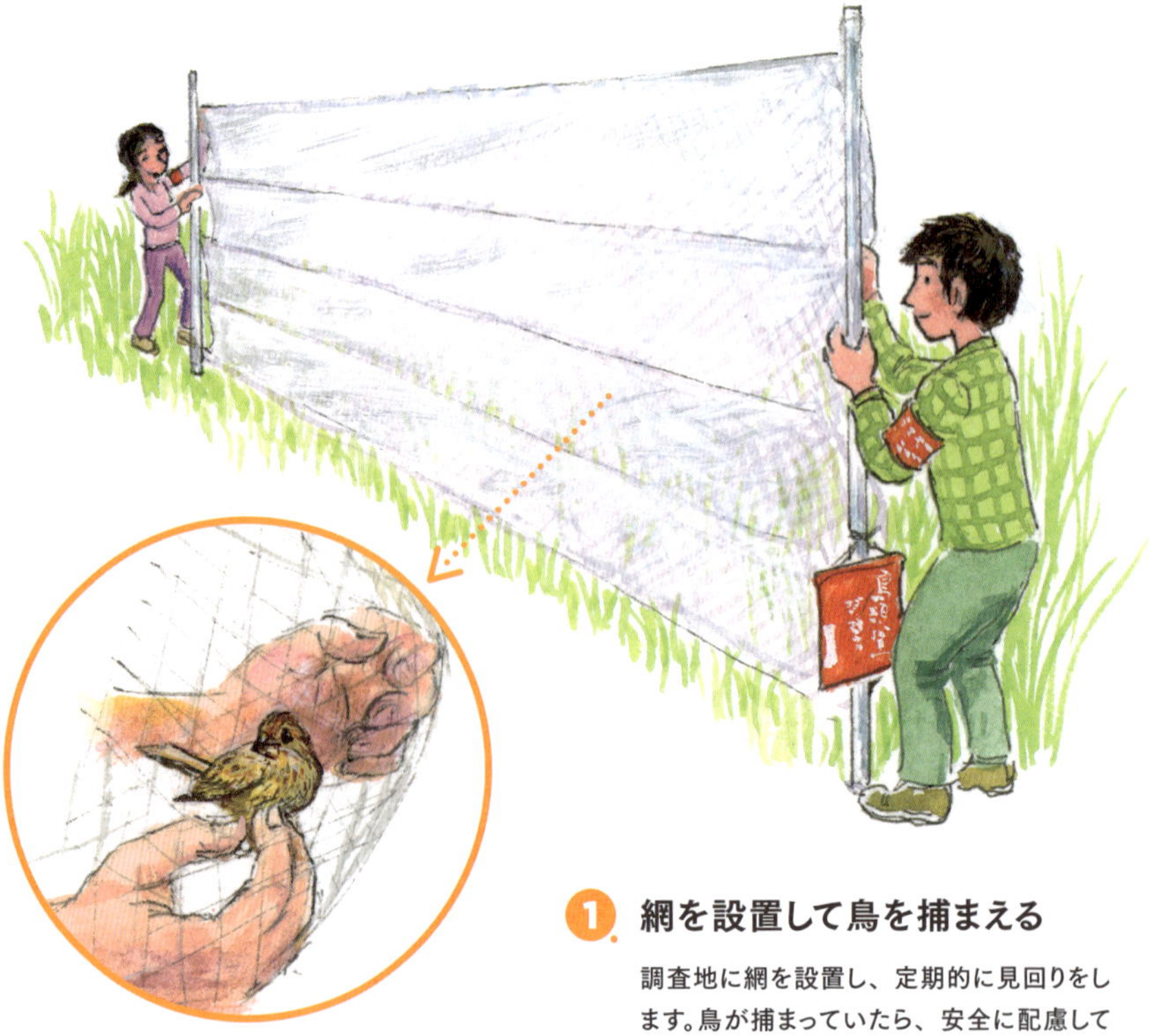

1. **網を設置して鳥を捕まえる**

調査地に網を設置し、定期的に見回りをします。鳥が捕まっていたら、安全に配慮して網から外します。

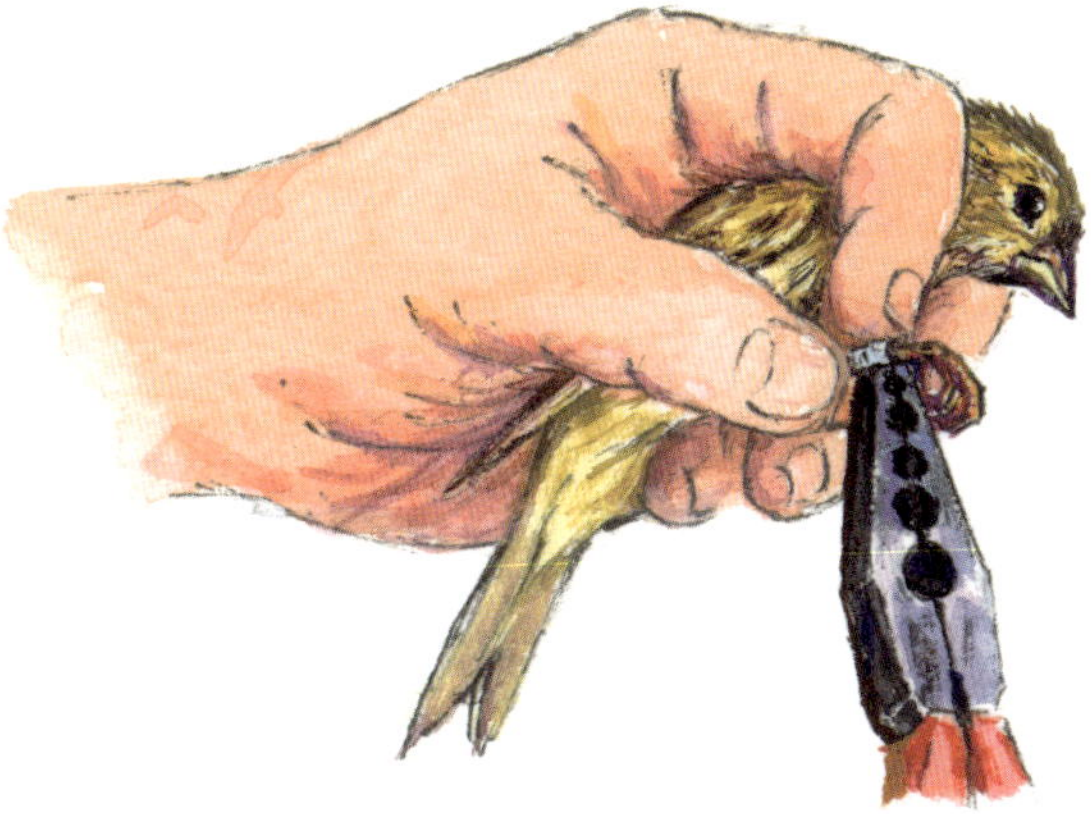

2 足環をつけて放す

専用の器具で足環をつけ、捕まえた場所で鳥を放します。
このとき、足環の番号、鳥の種類、年齢、性別、体の大きさ、体重などを記録しておきます。

鳥類標識調査員(バンダー)は全国に約400人いて、各地で鳥を捕まえて足環をつけています。調査員によって足環をつけられた鳥が、別の地点で調査員や一般の人に再確認される(再捕獲されたり、写真に撮られたりする)ことで、多くのデータが集まり、新たな発見につながります。

Q

鳥類標識調査でどんなことがわかるのですか？

A. 移動距離がわかる

足環をつけた鳥が確認されると、その番号から、この鳥がどこで足環をつけられ放たれたかがわかります。さらに記録を積み重ねることで、この鳥の渡りのルートがわかるようになります。

A. 個体を見分けられる

鳥に足環をつけて番号を与えることで、よく似た姿の鳥たち一羽一羽を区別することができます。

ほかにも、調査を行うことで鳥たちのことがいろいろとわかってきています！

A. 生存期間がわかる

足環をつけた鳥が確認されると、その番号から、この鳥がいつ足環をつけられ放たれたかがわかります。そこから、少なくとも放たれてから再確認されるまでの期間は生きていたことがわかり、この情報を集めることで、さまざまな鳥の寿命まで明らかになってきています。

A. 保全につながる

毎年同じ場所で、同じ時期に標識調査を行うことで、鳥が増えているか、減っているかがわかり、保全に役立てることができます。

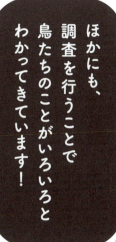

この本では、鳥類標識調査によって
明らかになった鳥たちのいろいろなお話を通して
私たちの取り組みが環境保全、生物多様性保全に
どのように貢献してきたかを示します。
これによって、調査を今後も継続して行うことの重要性を
知ってもらいたいと思いますし、
この本を読んで標識調査に興味を持ったり、
「自分も調査に参加してみたい」と思う人が
一人でも増えればとても嬉しく思います。

イラスト　鈴木まもる

鳥類標識調査100周年に寄せて

山階鳥類研究所所長　小川博

鳥に足環など何らかの器具を装着する試みは、通信手段として、あるいは所有者を明示する手段として、古くから行われていましたが、現代につながる科学的・体系的な鳥類標識調査は19世紀末に始まりました。わが国では、1924年に農商務省（現農林水産省・経済産業省）によって初めて行われたことから、日本における鳥類標識調査は、2024年の今年、100周年を迎えます。わが国の鳥類標識調査は戦争による中断期間があった後、農林省が1961年から山階鳥類研究所に調査を委託して再開、1972年からは、環境庁（現環境省）がこの事業を引き継いでから現在に至るまで、山階鳥類研究所が委託を受けて調査や調査員の育成などを継続しております。この調査では1961年から2022年までの62年間の累計で651万4582羽（504種）が標識放鳥され、4万4462羽（272種）が回収されています。

鳥類標識調査によってわかることには、中継地や繁殖場所などの「渡り」に関することだけでなく、野生の状態での年齢や寿命、身体測定値や羽色の違い、地域の鳥類相や個体群など、野鳥に関するさまざまなことがあります。これらの知見は、形態的違いによる分類、気候変動による生息環境の変化への鳥類の応答、日本産鳥類目録の改訂など、分類や生態など、鳥類を理解する上でのさまざまな貢献だけでなく、環境問題に対しても目を向けるきっかけとなってきました。

鳥類標識調査で得られた知見は学術的に貴重であるとともに、鳥獣保護や希少種の保護、外来種対策に関する基礎資料、環境アセスメントの基礎資料として、国や地方自治体の自然環境保護施策やさまざまな開発事業の環境影響評価に活用されており、自然環境や生物多様性の保全に貢献しています。さらに、私たちの生活に関わることとして、渡り鳥の飛来状況や飛来経路がわかることで、高病原性鳥インフルエンザの発生抑制や被害軽減への貢献が期待されます。自由に国境を越えて移動する鳥類の調査・研究や保全には、国際協力が欠かせないものであり、鳥類標識調査は国際親善にも貢献するものです。

鳥類標識調査100周年を機会として、多くの方々にこの調査が鳥類の生態を理解することに役立つだけでなく、自然環境や生物多様性の保全に貢献するものであることをご理解いただき、ご支援、ご協力を賜ることができれば幸いです。

1章 渡り鳥が世界をつなぐ

鳥たちの多くは「空を飛ぶ」という特性をもっています。
この特性があるからこそ、
鳥たちは生活しやすい場所を求めて広い範囲を移動することができます。
なかでも、夏は子育てに適した食べ物の多いところへ、
冬は暖かく過ごしやすいところへと、
季節によって生活場所を変える習性のことを「渡り」といいます。
鳥に標識をつける最大の目的は、
この鳥の「渡り」を調べることだといっていいでしょう。
この章では、鳥類標識調査によって
明らかになった渡り鳥の不思議をみていきます。

episode 1

鳥の「渡り」ってなんだろう

「渡り鳥」という言葉を知らない人はいないでしょう。文字どおり、渡りをする鳥のことです。では「渡り」とはなんでしょうか。渡りとは、生き物が季節によってすむ場所を周期的に変える行動のことです。それほど難しいことでもありませんが、じつは一口に鳥の渡りといってもいろいろなパターンがあります。

たとえば、街なかで子育てしているのをよく見かけるツバメは代表的な渡り鳥ですが、この鳥は春に日本にやってきて、秋になると去っていきます。ツバメのように春から秋の間、日本で子育てする渡り鳥のことを「夏鳥」と呼びます。秋になって渡っていく先は、標識調査によって東南アジア方面であることが明らかになっています(38ページ参照)。河川敷などのヨシ原で「ギョギョシ、ギョギョギョシ」と大きな声で鳴くオオヨシキリや、「ツキ・ヒ・ホシ（月・日・星）・ホイホイホイ」と鳴いているように聞こえることからその名がついたサンコウチョウ（漢字で「三光鳥」と書きます）なども、ツバメと同様、夏鳥です。

反対に、秋に日本にやってきて、春になると去っていく渡り鳥もいて、これらは「冬鳥」と呼ばれます。池に浮かんでいるほとんどのカモ類は冬鳥ですし、冬の使者と呼ばれるガン類やハクチョウ類もそうです。公園などの地面でよく見られるツグミや、家の周りにもいるジョウビタキなども冬鳥です。これらの鳥は、北の地方で子育てをしたのち、より暖かい場所を求めて日本にやってきます。ガン類の渡りについては、標識とともに追跡機器をつけた研究が近年精力的に行われており、新たな知見が着々と得られつつあります(64ページ参照)。

1-1

奄美大島のウグイス。この島ではウグイスは繁殖していないが、冬になると渡ってくる。この小さな体でどこから渡ってきたのだろうか

さて、右にあげた夏鳥や冬鳥は、日本で見られる個体のすべてが同じ渡りの習性を示しますが、鳥のなかにはそうでない種もいます。たとえばウグイスは、本州では「留鳥《りゅうちょう》」、つまり渡りをしない種とされていますが、実際には山地から平地へと移動する個体もいます（このような鳥を「漂鳥《ひょうちょう》」と呼ぶこともあります）。また沖縄の島々では、冬になると、夏に繁殖しているウグイスとは別の亜種（同一種内で分布域が異なり、形態なども少し異なるグループ）が渡ってきます〈1-1〉。これは標識調査によっても確認されています〈1-2〉。つまりそのような島々では、冬の間、2つの亜種が同所的に生息しているのです。同じ場所で同じように「ウグイス」と呼ばれている鳥のなかに、留鳥、漂鳥、渡り鳥の習性をもつ個体が混在しているということです。

また、同じ種でも地域によって渡りの習性が異なっているものもいます。身近な鳥であるホオジロは本州では留鳥ですが北海道では夏鳥ですし、南西諸島《なんせいしょとう》にいるアカヒゲは、鹿児島県の奄美群島《あまみぐんとう》では留鳥ですが、それより北のトカラ列島では夏鳥であることが知られています。なお、トカラ列島で繁殖した個体が沖縄県八重山諸島《やえやましょとう》の与那《よな》国島《ぐにじま》で越冬していたことも、標識調査からわかっています（関 2018）。

さらには、同じ種で同じ場所にすんでいても、一部だけが渡りをするという奇妙な習性をもつものもいます。奄美群島で繁殖するアマミヤマシギという鳥は、これらの島々で一年中見られる留鳥ですが、一部の個体が沖縄諸島まで渡っていることがわかっています。このように個体群の一部のみが渡りをすることを「部分的渡り」と呼びますが、アマミヤマシギがなぜ部分的渡りを行うのかはまだわかっておらず、研究

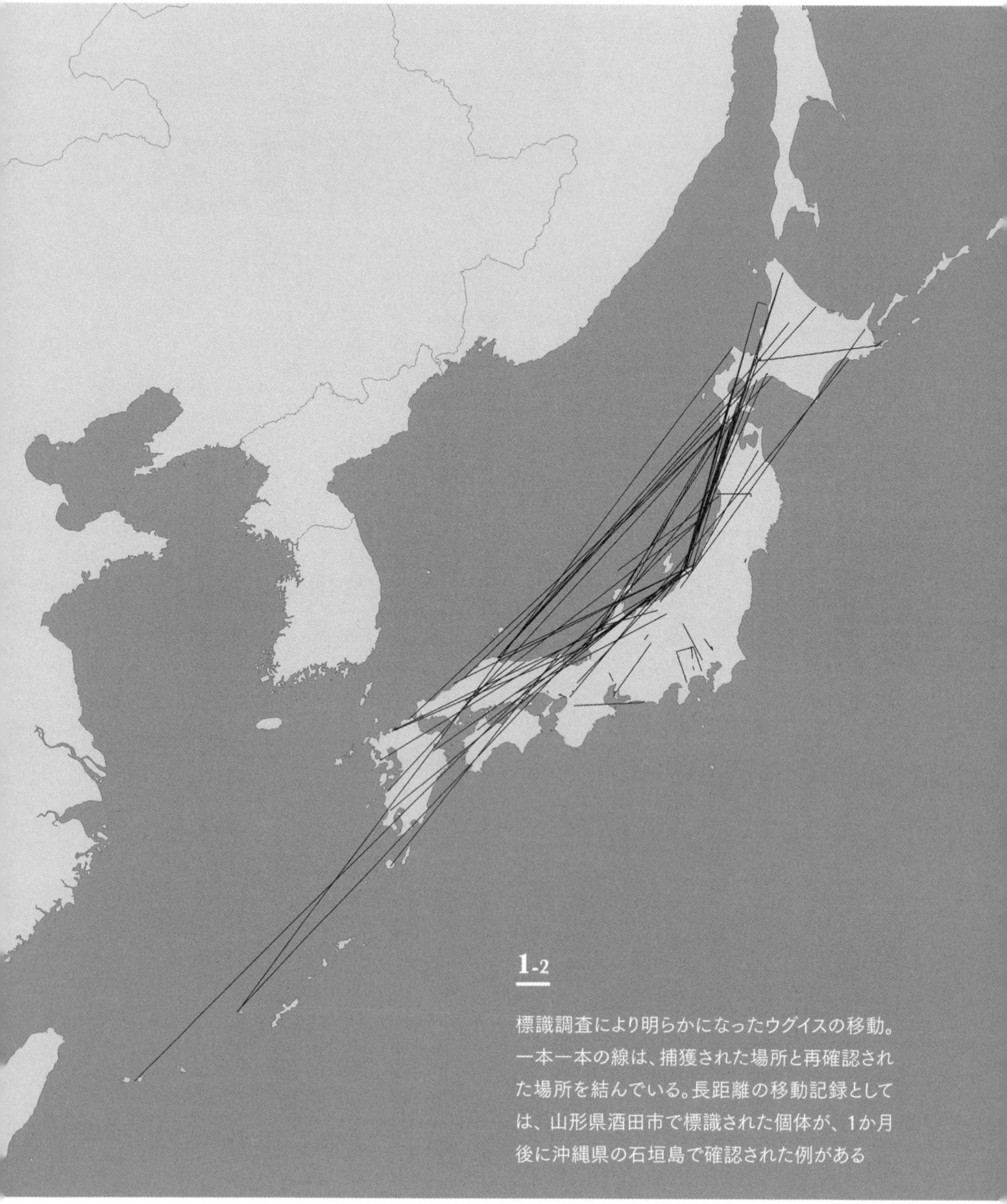

1-2

標識調査により明らかになったウグイスの移動。一本一本の線は、捕獲された場所と再確認された場所を結んでいる。長距離の移動記録としては、山形県酒田市で標識された個体が、1か月後に沖縄県の石垣島で確認された例がある

河野裕美・水谷晃（2018）「フィールドに立ち続けて」水田拓・高木昌興（編著）『島の鳥類学―南西諸島の鳥をめぐる自然史―』：286. 海游舎, 東京.
関伸一（2018）「アカヒゲがつなぐ琉球の島々―アカヒゲの渡りと系統地理―」水田拓・高木昌興（編著）『島の鳥類学―南西諸島の鳥をめぐる自然史―』：59–75. 海游舎, 東京.
＊1 鳥類アトラスWEB版
https://www.biodic.go.jp/birdRinging/

の進展が待たれます。

島国である日本では、渡り鳥は当然、海を飛び越えていく必要があり、場合によっては目的地に到着する前に力尽きて死んでしまうこともあります。西表島《いりおもてじま》の近海で駆除されたイタチザメの胃の中からは、近くにすむ海鳥よりも渡り途中と思われる小鳥類が多く発見されるそうです（河野・水谷 2018）。力尽きて海に落ちた小鳥をサメが食べたということなのでしょう（実際、11月に捕獲されたイタチザメの胃の中から、その約3か月前に宮城県で標識されたオオヨシキリが見つかったこともあります）。このことからも、小さな鳥にとって大きな海を越えるのは相当たいへんなことなのだろうと想像できます。なぜそんな危険を冒してまで渡りをするのか不思議ですが、たとえ危険でも、そうしたほうが生き残れる可能性が高く、結果として多くの子を残せるために、渡りという行動が長い時間をかけて進化してきたのでしょう。

ウグイスの例で示しましたが、標識調査から明らかになった渡り鳥の移動については、「鳥類アトラスＷＥＢ版」[*1]というページで閲覧することができます。各種の鳥がどこからどこまで移動しているのか、ぜひ見ていただきたいと思います。ただし、このページで表示されるのは、標識によって明らかになった個体の移動のみであり、個体群全体の移動を示しているわけではありません。私自身は、このページに表示された移動の線を見ていると、むしろ線で表されていないたくさんの鳥たちの移動を想像してしまいます。桁数すらわからないくらい膨大な数の鳥たちが地球上を行き来していることを想像すると、その壮大な事実に、なんだか茫然となります。

（水田拓）

episode 2

鳥の長距離移動チャンピオン

鳥の最大の特徴の一つが「渡り」です。本書でも種々の話題が取り上げられているように、一言で「渡り」といっても多様なトピックが存在します。それらのなかから、ここでは移動距離に着目してみます。

さて、鳥はいったいどのくらいの距離を渡るのでしょうか。世界レベルに目を向けると、最も長い距離を移動する鳥として有名なのがキョクアジサシです。大きさはハトほどで、赤い嘴《くちばし》と黒い頭、全身が白色と灰色。いかにもアジサシ類らしい姿をした鳥です。夏に北極圏で繁殖し、繁殖が終わると越冬のために南極周辺まで渡ります。他の多くの鳥と同様に毎年繁殖し、一年のうち春と秋に渡りを行うので、地球の端から端までを同じ年のうちに往復しているのです。しかもそれを毎年行います。小さな体で、これほどの長距離を移動しているのですから、鳥の渡りの能力のすさまじさには驚かされます。

こうした長距離移動記録の発見に力を発揮するのが標識調査です。標識調査で用いられる金属足環の特徴は、確実な個体識別と、その耐久性、経済性にあります。安価で容易にたくさんの鳥に装着でき、１００年にわたって続けられていることから、多くの個体の移動記録データが蓄積されています。また、大きな種から手のひらサイズの小さな種まで、どんな鳥でも調べることができるのも金属足環のメリットの一つ。その結果、さまざまな種についての長距離移動記録が残されています。

それでは日本の標識調査における長距離移動記録をみてみましょう。距離順の上位10種を32ページの表〈2-2〉に示しました（なお、標識調査では衛星追跡研究などと

2-1

長距離を渡る鳥として有名なキョクアジサシ（左）。日本で確認される猛禽類の移動距離は一般に長くはないが、ハヤブサ（右）は好成績を残している

違い、移動経路はわからないため、放鳥地点と再発見地点までの直線距離での記録であることにご留意ください）。1位はオオトウゾクカモメ。南極で放鳥され、2年後に北海道沖で見つかりました。2位はハヤブサです。アメリカのメキシコ湾沿岸で放鳥された個体が、2年後に和歌山県で発見されています。地球の端の南極や、地球の表面の3分の1を占める太平洋の向こうにあるアメリカ大陸から、遠く離れた日本まで飛んできたことになります。3位にハイイロミズナギドリ、4位にオナガガモ、5位にチュウシャクシギ、6位にハシボソミズナギドリと並びますが、これらの移動距離は、前述のハヤブサを含めて、どれも似たような値です。さらに、7～9位にシギ類、10位にワタリアホウドリが続きます。

　移動距離の上位はこうした海鳥や水鳥が占めています。大きく分けると、カモメ類やミズナギドリ類、アホウドリ類、シギ・チドリ類、カモ類です。2位は猛《もう》禽類《きんるい》のハヤブサでしたが、じつはこのあと50位を過ぎてもずっと猛禽類は出てきません。たとえば夏鳥の猛禽類であるハチクマは、衛星追跡研究が盛んに行われ長距離を渡ることがわかっています。渡りの総延長距離は1万数千キロメートルに及びますが、繁殖地である日本と越冬地の東南アジアの直線距離は5000キロメートルほどです。つまり、猛禽類の渡り距離も決して短いということはないのですが、それをはるかに超える距離を渡る海鳥や水鳥が多数いるのです。

　ではこうした主要な海鳥・水鳥グループ以外の種、たとえばスズメ目の小鳥ではどうなのでしょう。小鳥もとても長い距離を渡っていることが知られています。

2-2 日本の鳥類標識調査の結果(1961〜2017)における、渡り距離上位10種

※放鳥地や再発見地が日本でなくても、日本の標識調査の窓口へ一度でも報告があった場合は、日本の鳥類標識調査のデータベースに登録されている。本表にもそのようなデータが含まれている

種名／学名	移動距離(km・直線距離)	放鳥地	再発見地(回収地)
オオトウゾクカモメ *Stercorarius maccormicki*	**12,846**	南極大陸	日本・北海道沖
ハヤブサ *Falco peregrinus*	**11,292**	アメリカ・テキサス州	日本・和歌山県
ハイイロミズナギドリ *Puffinus griseus*	**10,894**	ニュージーランド・スネアーズ諸島	アリューシャン諸島海上
オナガガモ *Anas acuta*	**10,662**	日本・新潟県	アメリカ・テキサス州
チュウシャクシギ *Numenius phaeopus*	**10,181**	オーストラリア・ニューサウスウェールズ州	ロシア・カムチャツカ州
ハシボソミズナギドリ *Puffinus tenuirostris*	**10,151**	オーストラリア・ビクトリア州	アリューシャン諸島海上
オオソリハシシギ *Limosa lapponica*	**9,856**	ニュージーランド・南島	日本・長崎県
コオバシギ *Calidris canutus*	**9,451**	日本・北海道	ニュージーランド・南島
キョウジョシギ *Arenaria interpres*	**9,275**	オーストラリア・タスマニア州	日本・北海道
ワタリアホウドリ *Diomedea exulans*	**9,227**	南極大陸	インド洋

吉安京子・森本元・千田万里子・仲村昇(印刷中)鳥類標識調査より得られた種別の最長移動距離一覧(1961–2017年における上位2記録について). 日本鳥類標識協会誌.

アメリカ大陸にいるズグロアメリカムシクイは研究が進んでいる代表選手です。スズメより小さな鳥で、北米のカナダで繁殖し越冬のために南米まで渡ることが知られています。しかしながら、体の小さな小鳥たちの移動がいくら長距離だといっても、海鳥や水鳥のそれには遠く及ばないのでしょう。ちなみに、日本の標識調査で記録された小鳥で最も移動距離が長いのはツバメです。ツバメは日本の標識調査の代表選手ともいうべき種で、本書でもいくつも取り上げられています。スズメ目のなかならいちばんの長距離記録を誇りますが、その移動距離をみると6386キロメートルで35位ですから、上位の海鳥や水鳥たちには遠く及びません。

さて、海鳥や水鳥のなかでも、前述した主要なグループ以外はどうかというと、これまたさっぱり上位に入りません。1位のトウゾクカモメ科であるオオトウゾクカモメの次は、ずっと順位が下がってグンカンドリ科のオオグンカンドリが34位にようやく出てきます。つまり、上位35位までの範囲では、1位、2位、34位、35位を除く31種までが、前述した海鳥と水鳥のグループの種で占められています。このことから、これらのグループが長距離を移動する特性をもつことが垣間見えます。

その生態を考えてみれば、海鳥は一生の大半を海洋で過ごし長距離を移動しながら暮らしていますし、シギ・チドリ類やカモ類は繁殖地であるユーラシア大陸の高緯度地域や北米大陸(56ページ参照)から低緯度地域に渡って越冬します。さらにシギ・チドリ類のなかにはオーストラリア大陸などへも渡って越冬するものもいます。これらの鳥たちが上位であることも納得です。

(森本元)

episode 3

東京と福岡のユリカモメがどこか違う

「このユリカモメ、なんか小さいぞ！」

福岡でユリカモメを捕まえ、手に取ったときのこと。ひょっとして、東京のユリカモメとは別集団かも……？

私は２０１０年から東京の都心部でユリカモメの標識調査を行っています。金属足環とカラーリング（プラスチック製の色足環）を併用して、渡りルートや越冬期間中の移動範囲を調べるためです。10年ちょっとで４０００件以上の観察記録が集まり、その渡りルートの一端が明らかになってきました。観察記録をまとめると、東京で捕獲したユリカモメは、夏にはカムチャツカ半島で、秋、春の渡り時期には道東や東北地方沿岸部で観察され、越冬期間中はほとんどが東京に戻ってくることがわかりました。さらに一部は、東京を通過し、大阪湾、伊勢湾周辺に移動して越冬することがわかってきました〈3-1〉。

これを地図に落とし込んでいくと、あることに気がつきました。九州にもユリカモメはいるはずなのに、東京で標識した個体は九州で全く観察がされていなかったのです。東京から遠いからなのか、観察者が少ないからなのか、それとも全く違う渡りルートがあるのだろうか。新たな疑問が湧いてきました。そこで、２０１７年から福岡でもユリカモメの標識調査を行うことにしました。冒頭のセリフは、そのときの一コマです。

福岡で捕獲したユリカモメを実際に計測し、東京の個体と比較してみました。すると雌雄ともに東京の個体よりも、福岡の個体が有意に小さいという結果が得られました。この計測値の違いが意味することはいったい何でしょうか？　仮説として考えられるのが、東京と福岡では、異なる繁殖地の集団が渡ってきているというものです。ユーラシア大陸に広く分布するマガン、ヒシクイ、オオソリハシシギなどの水鳥では、大陸西部から東部にかけて、繁殖する個体群の体サイズが大きくなる傾向があることが知られています。これは同緯度で比較すると東部のほうが気温が高いこと、さらに東部の個体群のほうが渡り距離が短いといった形質と関連しているといわれています。ユリカモメにおいても、カムチャツカ半島、東シベリア、西シベリアで繁殖する個体群の体サイズを標本で調べたところ、カムチャツカ半島の繁殖個体群は東シベリア、西シベリアよりも大きいことが明らかになりました。このことから、東京で越冬する個体群は、体サイズの大きいカムチャツカ半島繁殖個体群由来のものが多く、福岡では体サイズの小さいシベリア内陸部の繁殖個体群由来が多い可能性が考えられます。

福岡で足環を標識したユリカモメはどこから来るのだろうか？　おそらく朝鮮半島経由、そして、東京とは異なる繁殖地からに違いない！　そんな期待を込めて始めた福岡でのユリカモメ標識調査。調査を始めて間もなく、福岡で足環つきのユリカモメを見た、という連絡を複数いただくようになりました。これまで福岡からの観察記録が届かなかったのは、観察者が少ないからではなかったのです。つまり、東京の個体は福岡に行っていない可能性が高く、さらに福岡の個体も関東地方での観察記録はありませんでした。

福岡で足環の標識を開始してから4年が経った2021年3月。韓国の鳥類標識セ

3-1

東京・千葉で標識した個体が再確認された地点（○）と、福岡標識個体の再確認地点（■）と、それぞれの地域で想定される渡りルート

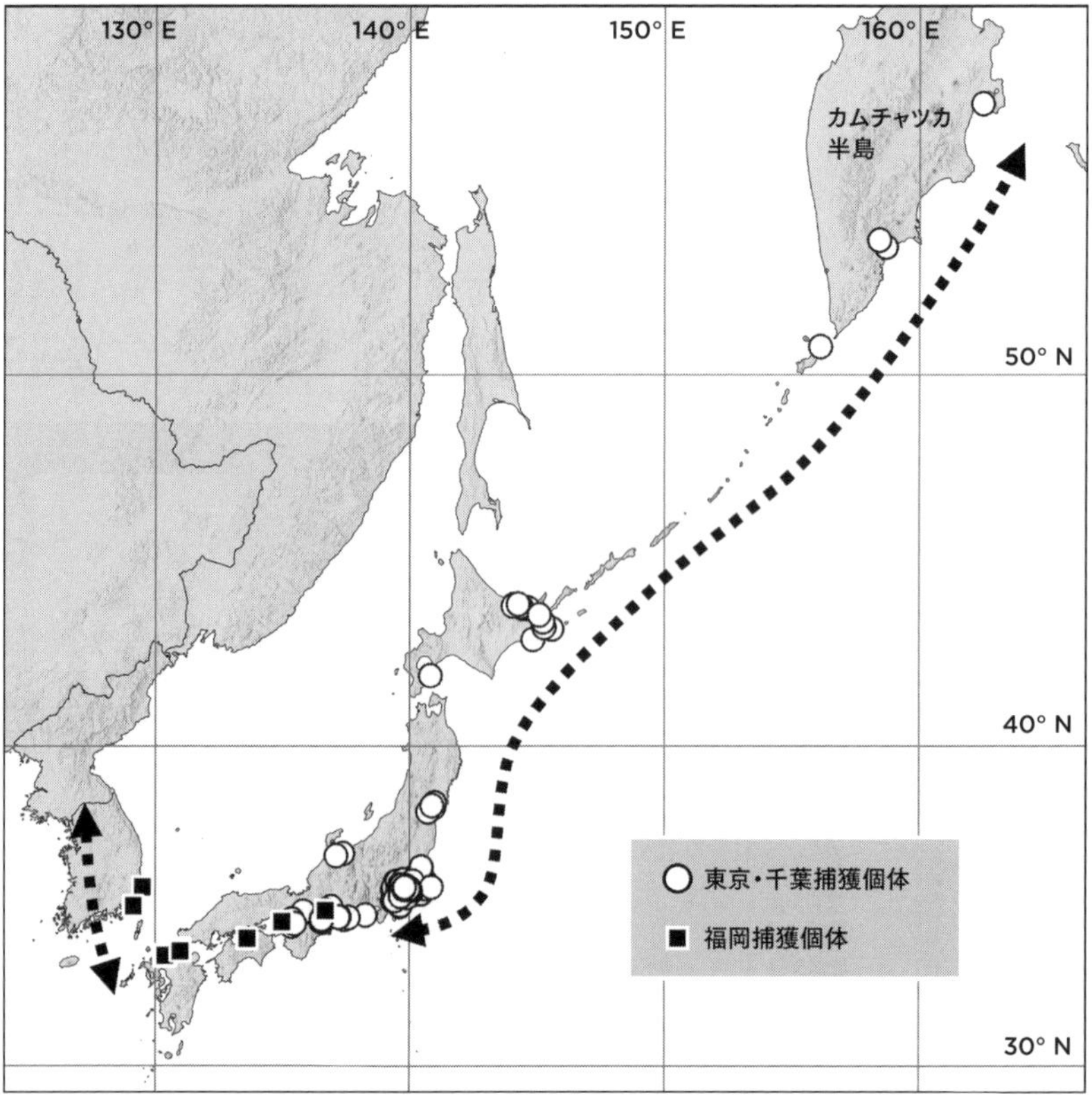

3-2

2019年2月に福岡で標識され、2021年3月に韓国で確認されたユリカモメ。カラーリング（赤の45A）が確認できる

ンターから一通のメールが山階鳥類研究所宛てに届きました。そこには、私が福岡で赤色の「45A」の足環を標識したユリカモメが再確認されたことが記載されていました〈3-2〉。この個体は2019年2月2日に福岡で標識したもので、それが2021年3月24日に韓国の東海岸の慶州《キョンジュ》市というところで確認されたということです。また、この個体は2021年1月3日には福岡でも観察されていました。このことから、福岡で越冬した後、春の渡りで韓国東海岸に移動したと考えられます。すなわち、福岡で越冬するユリカモメは、朝鮮半島を経由して北上する、東京越冬個体とは全く異なる渡りルートをもっている可能性が高いということがわかったのです〈3-1〉。

ユリカモメという一つの種のなかに、日本へ渡ってくるルートや繁殖地が異なる集団がいる。このことは、学術的な知見だけでなく、保全を考える上でも重要な情報となります。たとえばユリカモメが何らかの原因で減少し、保全施策が必要になった場合、どちらの渡りルート上の集団が減っているのかを特定し、その渡りルート上で取り組みを進めなければ効果的な対策はできません。日本で越冬するユリカモメ、その内部構造はどうなっているのか。その実態が解明される日もそう遠くはありません。

（澤祐介）

episode 4

ツバメの越冬地を求めて

「ツバメは一年中いるよ」という地元の人たちの言葉に私は驚きました。マレーシア・サバ州のコタキナバルに訪れたときのことです。ツバメは渡り鳥、というのはよく知られていることです。地元の人たちはなぜそう思っているのでしょうか？

1990年代、山階鳥類研究所ではODA（政府開発援助：Official Development Assistanceの略）事業の一環として、毎年のようにフィリピン、タイ、インドネシア、マレーシア等を訪れ、現地の調査員に対し、鳥類標識調査の講習を行っていました。ODAとは、開発途上国の社会・経済の開発支援のため、政府機関が行う資金提供や技術援助のことです。右記の地域では、1960年代に米軍のプロジェクトで渡り鳥の調査が大規模に行われて以来（160ページ参照）、標識調査はほとんど実施されていませんでした。日本の夏鳥の主要な越冬地であるにもかかわらず、足環の回収記録が得られない状況が続いていたのです。

このODA事業で、私たちはツバメに目をつけました。集団ねぐらを形成するツバメは捕獲が比較的容易で、大規模な調査に適しています。日本から渡っていることの実証を得られるのではと期待して、ツバメの越冬地を探す調査を実施しました。

その期待はまずインドネシアのジャワ島でかなえられました。1991年12月13日、捕獲した200羽くらいのなかに、日本の足環をつけたツバメが見つかったのです。足環の番号から、このツバメは同年8月24日に北海道七飯町において幼鳥で標識されていたことがわかりました。標識地点から直線距離で約6400キロメートルあります。次いで1997年12月15日、マレーシア・サバ州（ボルネオ島）で約2500羽

4-1

マレーシア・サバ州で兵庫県からのツバメを回収（1997年12月15日撮影）

のツバメを捕獲し、同年6月10日に兵庫県稲美町《いなみちょう》において成鳥で標識されたオスが回収されました。こちらは直線距離で約3800キロメートルでした。私はこの両方の調査に参加していましたが、標識個体を捕獲したときは一同大喜びでした〈4-1〉。

ツバメの国外での回収記録は、これまでに104例得られていますが、1961年から1986年までの26年間では46例でした。その後、ODA事業による東南アジア諸国での標識調査の講習が始まったころから最近までの17年間では58例と、回収数が増えています〈4-2〉。これは調査中に直接得られた記録以外に、関係国での標識調査への理解が深まったことによって、これまで埋もれていた記録が送られてくるようになったなどの影響もあったようです。その結果、日本のツバメの越冬地として新たにフィリピン南部、ベトナム、マレーシア、インドネシアが加わりました。

ところで、「ツバメは一年中いる」という言葉の意味は、夜になってわかりました。日中に郊外で採餌《さいじ》していたツバメは、暗くなると大群で市街地に集まってきて、電線や街路樹などでねぐらをとります。よく見るとそのなかに多くのリュウキュウツバメが混ざっていました。これはツバメとは別の種で、日本では沖縄等で繁殖し、留鳥として冬にも見られます。つまり留鳥性の高い鳥です。マレーシアではこの2種が同じところで集団ねぐらをとっていたのです。いつでもいるリュウキュウツバメを、渡り鳥のツバメと混同しているのかもしれません。そう説明すると、「そういえば冬のほうが数は多くなるような気がする」と。一つ謎が解けました。

ツバメは電線に等間隔にとまって寝ます〈4-3〉。一本の電線にとまっているツバメ

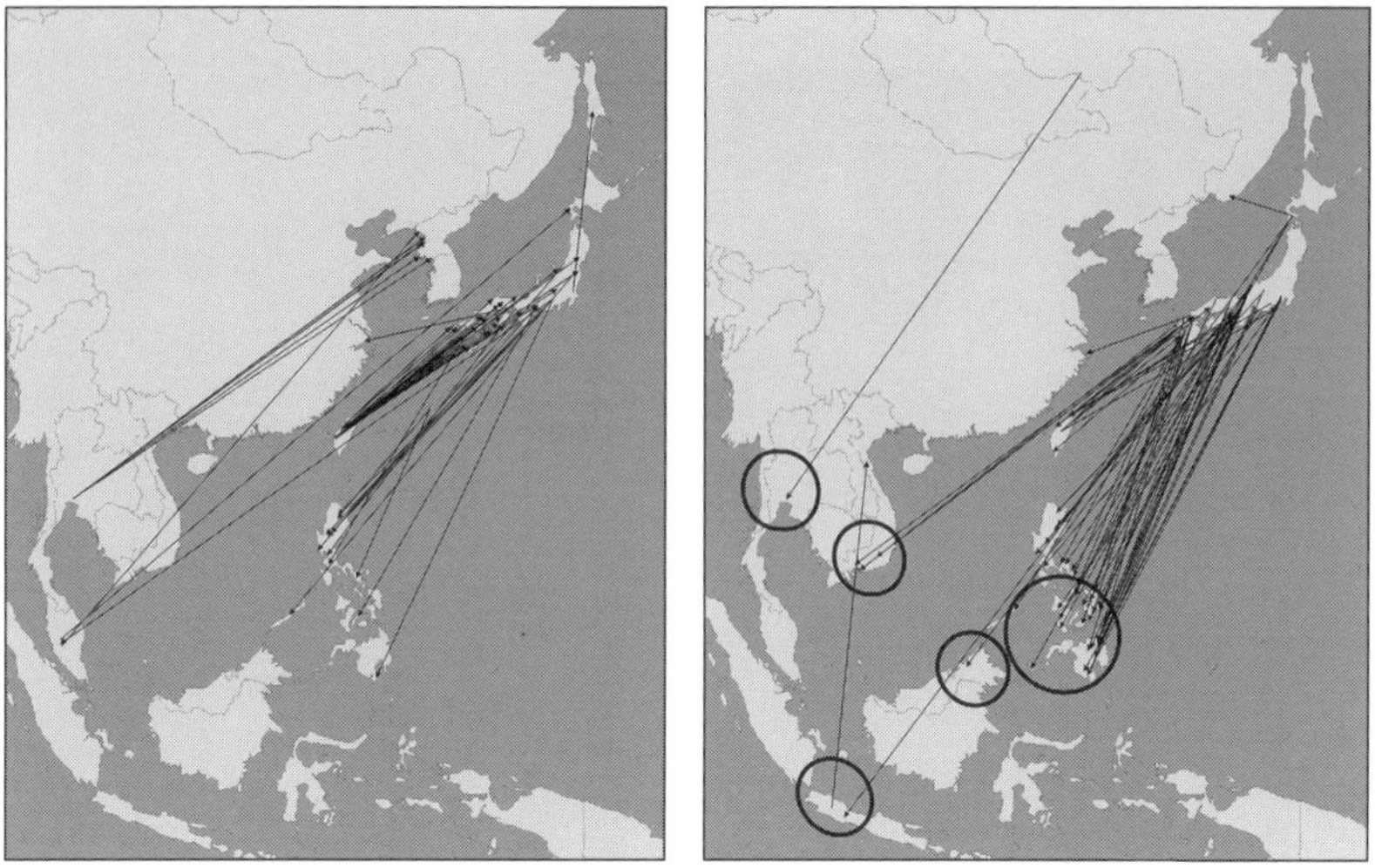

4-2 左は1961〜1986年の26年間のツバメの移動例（46例）。右は1987〜2003年の17年間の回収例（58例）。丸は調査で新たに判明したツバメの越冬地

4-3 街なかの電線で集団ねぐらをとる越冬中のツバメ（タイ、1995年12月12日撮影）

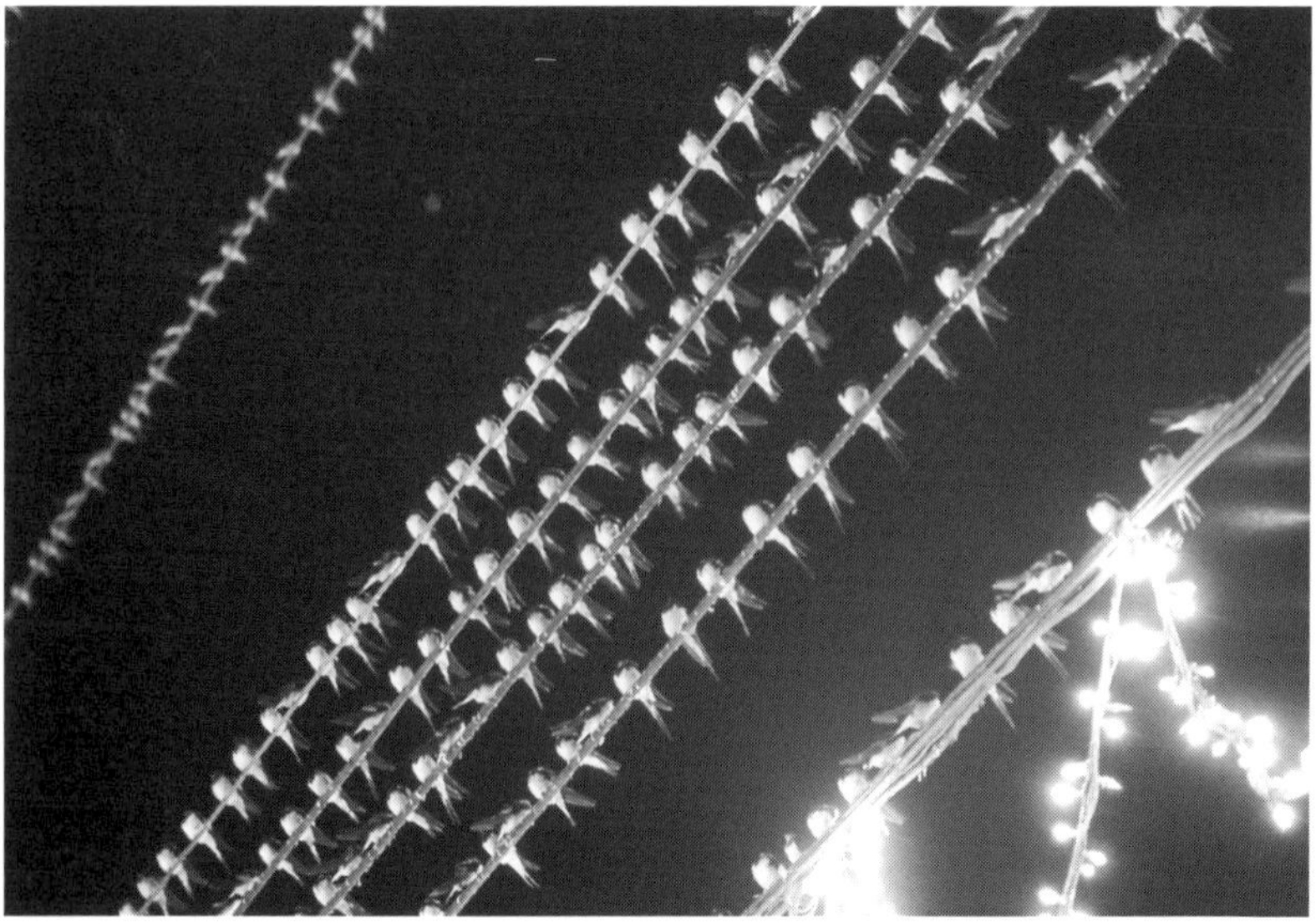

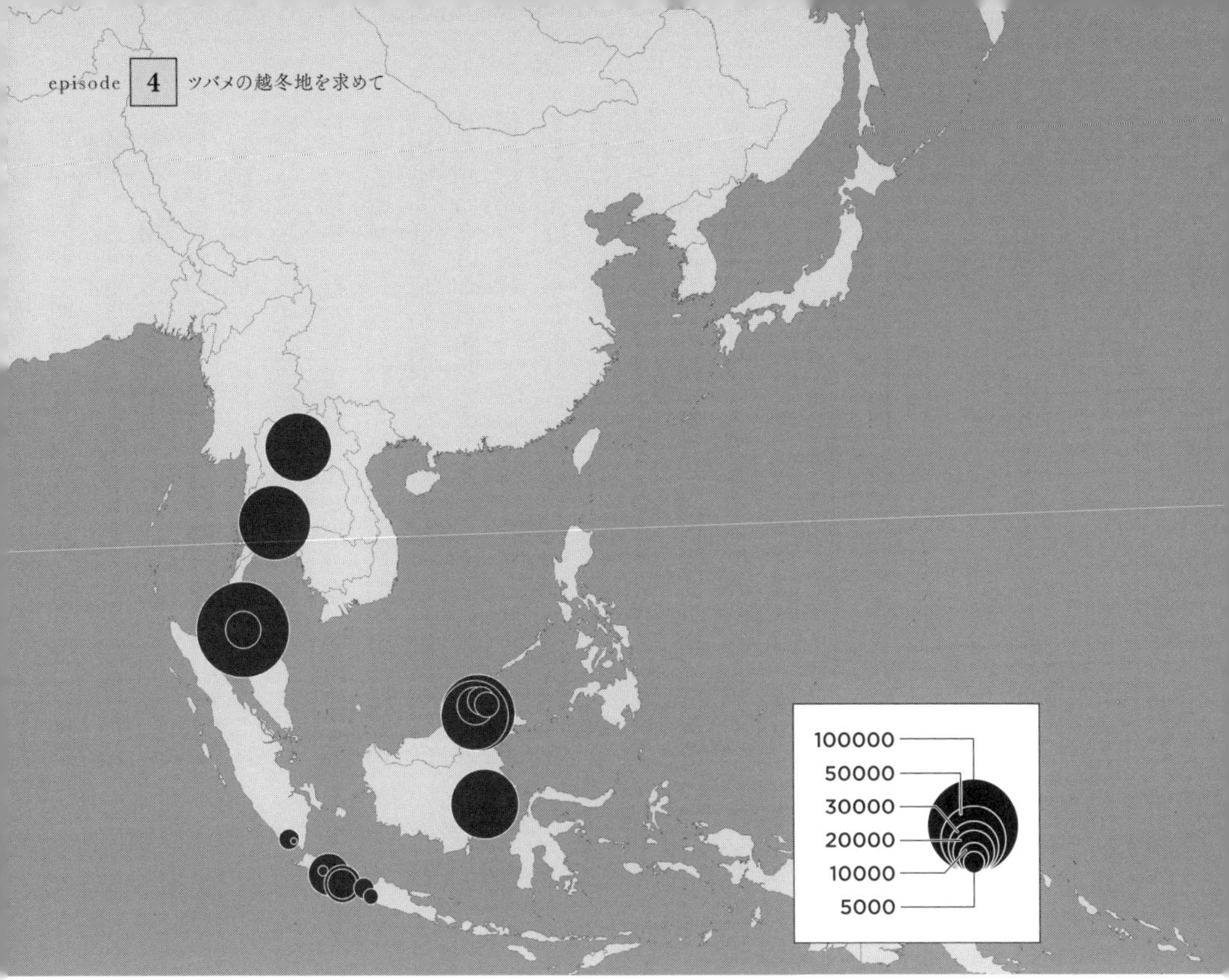

4-4

タイ、マレーシア、インドネシアで調べたツバメの集団ねぐらの位置と規模
（1990～1998年の調査の結果）

を数え、そこに電線の数をかけると、個体数が推定できます。その結果、10万羽や5万羽の規模の集団ねぐらがタイやサバ州で確認できました〈4-4〉。合計すると、その数は50万羽を超えました。私たちが確認できただけでその数ですので、実際にこの地域で越冬しているツバメの数はその何倍にもなるはずです。おそらく日本を含むかなり広い繁殖地から集まってくるのだろうと推測され、ツバメの渡りの実態解明が望まれます。**（尾崎清明）**

Column

「幸福な王子」が教えてくれること

「幸福な王子」という物語をご存じでしょうか。アイルランド出身の作家、オスカー・ワイルドが1888年に出版した短編小説で、あらすじはこんな感じです。

ある町に幸福な王子の像がありました。王子は宝石や金箔で美しく飾られていますが、町に貧しい人々が住んでいることを知り、心を痛めています。そこへ渡りの途中のツバメがやってきました。仲間はとっくにエジプトに行ってしまい、自身も早く後を追いたいツバメですが、貧しい人々に宝石や金箔を運んでほしいと王子から頼まれ、一日、また一日と留まって王子の手伝いをします。そのうちに冬が到来し、ツバメは寒さでとうとう命を落としてしまいます。みすぼらしくなった王子の像も倒され溶鉱炉で溶かされますが、ツバメの死と同時に割れた鉛の心臓だけは溶けずに残ります。ゴミ捨て場に捨てられたその心臓は、ツバメの死体とともに、天使によって「町の中で最も貴いもの」として神様のもとに召されました――そんな悲しくも美しいお話です。

ただし、ここではその美しい内容ではなく別のことに注目します。それは、物語のなかでツバメが王子に対してしきりに「早くエジプトに行きたい」と訴えていること、そしてこの物語が発行されたのが1888年であることです。

デンマークのモーテンセンが世界で初めて標識調査を行ったのは1899年（158ページ参照）。「幸福な王子」の出版より11年あとのことです。つまり、標識調査が始まる以前から、「ツバメは寒くなると南に渡る」という事実は人々の間で知られていたということになります。標識調査は鳥の渡りに関する知識を飛躍的に増やしましたが、この調査以前にも、先人たちは鳥の渡りに関する博物学的な知識をある程度はもっていたのです。「幸福な王子」が教えてくれることとして、これは心に留めておきたいと思います。

なお、この物語の舞台は「ヨーロッパの北のほう」であるとされています。そして、揚げ足を取るわけではありませんが、そのあたりで繁殖するツバメの越冬地はエジプトではなくもっと南、サハラ砂漠以南のアフリカ大陸であることがわかっています。エジプトの明るいイメージは物語に鮮やかな彩りを添えており、この誤認は物語の美しさをなんら損なうものではありませんが、蛇足と知りつつそんな蘊蓄《うんちく》も付け加えておきます。

さらにもう一つ。この物語には「鳥類学の教授」も登場します。冬にツバメを目撃した教授は新聞に長い投書を寄せますが、難しい単語がいっぱい並べられていたため、人々は理解できなかったとのこと。研究者としては、これも心に留めておきたい挿話ですね。

（水田拓）

episode 5

ベニアジサシの越冬地の発見

ベニアジサシは温帯から熱帯にかけて分布し、日本では夏鳥として、沖縄周辺で繁殖する海鳥です。沿岸部の小島や岩礁《がんしょう》で集団営巣《えいそう》し、その数は数百から多いときには千羽を超えることもあります。一方で全体的には個体数は減少しており、環境省のレッドリストでは絶滅危惧Ⅱ類（絶滅の危険が増大している種）に選定されています。

山階鳥類研究所ではベニアジサシの生態調査のため、１９７５年からほぼ毎年、沖縄で主に雛に標識をつけています。その数は、２００１年までに約９５００羽にもなり、この調査の結果、沖縄の島間の移動記録は２００例ほど得られました。ただ、国外からの回収記録（つまり足環つきの個体の国外での発見記録）は台湾（9月）とフィリピン（5月）からの一例ずつのみで、越冬期の回収記録は全くありませんでした。

なんとか越冬地を解明したいと考え、オーストラリアのシギ・チドリ類の標識調査に参加したときに、現地の鳥類研究者、クライブ・ミントン氏に「ベニアジサシの越冬地が不明なので、機会があったら調べてほしい」と話しました。とはいえ、日本鳥学会が発表している日本産鳥類の目録『日本鳥類目録改訂第6版』では、日本で繁殖するベニアジサシ亜種 *Sterna dougallii bangsi* の越冬地はフィリピンやインドネシアとされていたので、回答が来ることをさほど期待していたわけではありませんでした。

ミントン夫人から一通のメールが届いたのは、２００２年1月8日のことです。そこには、「（オーストラリアの）グレートバリアリーフのスウェイン礁で調査しているクライブからの電話で、日本の足環をつけたベニアジサシが捕獲された」と書かれていました。さらに、帰宅した彼からの詳報では、「１０５９羽捕獲したなかに日本の足

5-1 日本の足環がついた
ベニアジサシを最初に捕獲した
（写っているのはポール・オニール氏 。2002年1月撮影
写真提供：クライブ・ミントン氏）

5-2

越冬地でのベニアジサシの群れ
（2004年1月撮影）

環個体が19羽いた」とのこと。これが、北半球のベニアジサシがオーストラリアで越冬していることの最初の証拠になりました〈5-1〉。以来、連携調査によって得られた両国間の移動記録は150例を超え、沖縄から約6000キロメートル南に離れたグレートバリアリーフ・スウェイン礁が、日本で繁殖するベニアジサシの主要な越冬地であることが判明したのです〈5-2、5-3〉。これを受け、ベニアジサシは2008年12月に日豪渡り鳥等保護協定の付表（日豪間の渡り鳥リスト）に追記されました。

ところで、そもそもこの付表にベニアジサシが入っていなかったのは、両国間で同じ亜種が生息していると認められていなかったた

5-3 越冬地で捕獲の準備をするクライブ・ミントン氏（左）とオニール氏（右）（2004年1月撮影）

5-4

ベニアジサシをくわえるネコ
（2023年6月撮影　写真提供：上原勝氏）

ためです。オーストラリアでは *S.d. gracilis* という亜種が分布しているとされ、日本で繁殖している亜種 *S.d.bangsi* は迷鳥（本来の生息地ではない場所に飛来した鳥）扱いとなっていました (Higgins & Davis 1996)。しかし、2002年から数年間、同地で継続調査が行われた結果、スウェイン礁で1月に越冬しているベニアジサシの60パーセントが日本でも繁殖しているアジア由来の亜種 *S. d. bangsi* で、オーストラリア由来の亜種 *S. d. gracilis* はわずか1・5パーセントであることが判明しました。その判別には日本の標識がついた個体の換羽様式《かんうようしき》（羽毛の抜け換わり方）が重要な手がかりとなりました。さらに、残りの38パーセントの鳥はこれら2つの亜種とは異なった換羽様式をもっていて、どこで繁殖しているか不明という、新たな謎も生まれました (O'Neill et al 2005)。

最近、ベニアジサシの足環に関して、衝撃的なことがありました。きっかけはフェイスブックに掲載された1枚の写真でした。沖縄県うるま市の勝連半島《かつれんはんとう》の漁港で撮影されたその写真には、ベニアジサシを口にくわえてこちらに向かってくるネコが写っており、その鳥に足環がついていた

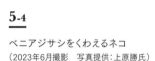

Higgins P & Davies S (1996) *Handbook of Australian, New Zealand and Antarctic Birds. Vol.3.* Oxford University Press, Melbourne.
O'Neill P, Minton C, Ozaki K & White R (2005) Three populations of non-breeding Roseate Terns (*Sterna dougallii*) in the Swain Reefs, Southern Great Barrier Reef, Australia. Emu 105:1: 57–66.
生物多様性センター（2021）2020年度モニタリングサイト1000 小島嶼（海鳥）調査報告書. 環境省自然環境局 生物多様性センター，富士吉田.
日本鳥学会（2000）『日本鳥類目録　改訂第6版』日本鳥学会，帯広.

のです〈5-4〉。それも白っぽい色で、左右にあったことから、「オーストラリアで標識された個体」であると推定されました。というのも、ベニアジサシに関して、オーストラリアでは金属足環のほかにプラスチック製の白のカラーフラッグを、日本では青のカラーフラッグを用いる取り決めになっているからです。

さっそく写真の撮影者に連絡をして、「ぜひこの足環を捜して、番号を知らせてください」とお願いしました。果たして見つかるかどうか？

間もなく撮影者から、足環を発見して番号を確認したという連絡が届きました。オーストラリアに問い合わせると、このベニアジサシは２００２年１月12日にスウェイン礁で標識された個体であることが判明。先に述べた記念すべき最初の回収記録が得られた調査のときに放鳥されて、21歳以上であることもわかりました。記録を送ってくれたポール・オニール氏（ミントン氏といっしょにこの個体を放鳥した研究者）は、「日豪間の長距離飛行に何度も成功したのに、ネコに捕食されるという悲しい結末。ベニアジサシはオーストラリアではネコのいない遠隔島に生息し、こちらでは安全なようです」とコメントをくれました。

沖縄周辺のベニアジサシの繁殖数は２０２１年の調査では約５００巣で、２００９年に比べると約69パーセント減少しています（生物多様性センター 2021）。主な減少要因は、マリンレジャーによる営巣地への人の接近、カラスやハヤブサによる雛や成鳥の捕食などが確認されていますが、今回これにネコの捕食が加わり、新たな懸念事項となりました。

（尾崎清明）

episode 6

アジサシ類は天気を読んで渡る？

天気予報の進歩により、人は台風の接近を予想して事前に対策をたてることができるようになりました。海鳥繁殖地のモニタリングを担当する私にとって、台風や低気圧はいつもびくびくさせられる対象です。海鳥繁殖地の多くは、島（主に無人島）にあり、船を使って上陸するため、台風などの接近は計画の変更を強いられることになるからです。その点、翼をもち自由に飛び回ることができる鳥たちは、天候の変化をどのようにとらえているのでしょうか？

近年、地球温暖化の影響で熱帯域の海水温が上昇し、台風の威力が増していると考えられており、実際、各地に甚大な被害がもたらされています。暴風雨は深海の栄養豊富な海水を表層に引き上げる湧昇流《ゆうしょうりゅう》を生み、一次生産者である植物プランクトンの増加を促進して、海洋生態系全体に影響を与えることが知られています。沿岸の岩礁などで繁殖するアジサシ類などの海鳥にとっては、台風の通過は卵や雛の流出による繁殖の失敗や成鳥の生存率の低下を引き起こし、個体群動態《こたいぐんどうたい》に影響を与えることでしょう。

海を越えて渡りをする鳥類においては、繁殖地から越冬地までの途中で発生した台風や低気圧が、渡りにどのような影響を与えるかについてはあまり知られていません。台風に遭遇することは、渡り鳥にとって自身の生死にも直結する重大な出来事であるはずです。だとすれば、鳥たちは台風に対処する何らかの行動をとっているでしょうか。渡り鳥の行動と台風のような気象条件の関係を、どうすれば把握できるでしょう。

山階鳥類研究所では、アジサシ類の越冬地や渡り経路の把握のために、長年にわた

6-1

ジオロケーターが装着されたエリグロアジサシ。左足に標識調査用の金属足環、右足にプラスチック製のカラーフラッグとジオロケーターがついている（左）。これらを装着しても飛翔行動には影響しない（右）

りアジサシ類に足環をつける標識調査を実施しています。その一環として、山階鳥類研究所と国立極地研究所の研究チームは、沖縄県の岩礁などで繁殖するエリグロアジサシにジオロケーターを装着し移動経路を追跡する研究を行いました（Thiebot et al. 2020）。ジオロケーターとは光センサーを搭載した小型のロガーのことで、鳥に一定期間装着したのちに回収し、その間にセンサーが記録した日の出や日の入りの時刻などの情報を解析することで、記録した場所の緯度経度を推定することができます。エリグロアジサシは太平洋やインド洋に広く分布し、日本では沖縄を含む南西諸島で繁殖する海鳥です。国内の生息数は減少しており、環境省のレッドリストで絶滅危惧II類に選定されています。越冬地や渡りの中継地の解明は本種の保全にとっても重要ですが、これまでの標識調査では、沖縄で足環をつけられたエリグロアジサシが繁殖地以外で確認されたのは、9月にフィリピンでの1例しかなく、詳細な渡りの中継地や越冬地は全くわかっていません。

研究チームは、２０１２年から２０１７年にかけて、渡りの出発地である沖縄で37羽のエリグロアジサシにロガーを取りつけました〈6-1〉。そして、翌年以降に6羽からロガーを回収し、移動データの取得に成功しました〈6-2〉。解析の結果、8月にフィリピン海を台風が多く通過した２０１２年から２０１４年にかけてと、台風の通過が少なかった２０１７年では、エリグロアジサシの渡りのスケジュールが大きく異なっていることが明らかとなりました。

２０１２年から２０１４年には、エリグロアジサシは、8月、台風がフィリピン海

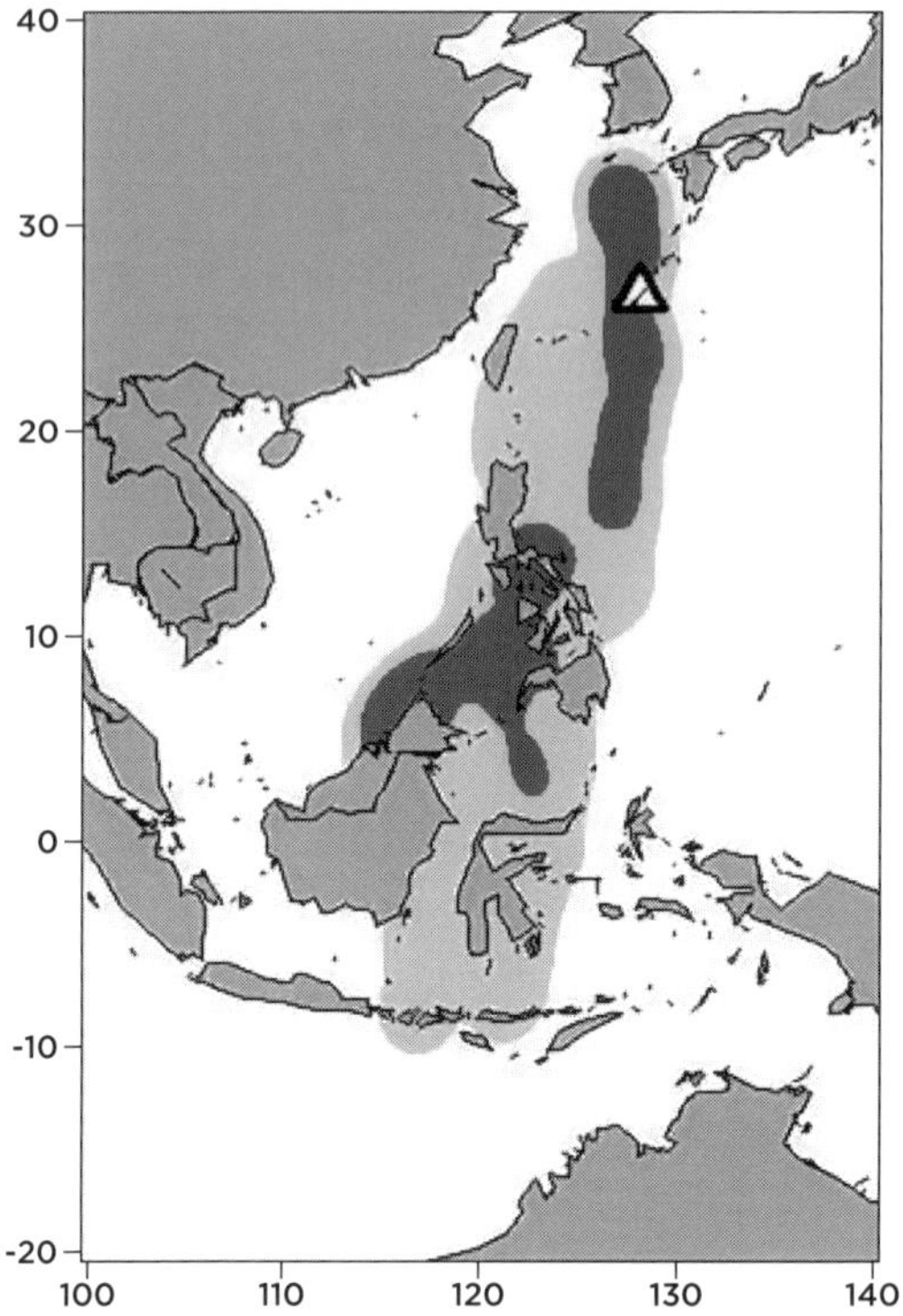

6-2

ジオロケーターから判明したエリグロアジサシの渡りルート（グレーの部分）。三角は沖縄の繁殖地を示す

Thiebot et al.（2020）を改変

6-3

エリグロアジサシの渡りルート（白抜き丸）と台風の経路（塗りつぶし丸）の一例。渡りルートと台風の経路の同じ濃度の丸は、同じ時期にとられたデータであることを表している。三角は沖縄の繁殖地を示す。フィリピン海を台風が通過後、エリグロアジサシが移動を開始していることがわかる

Thiebot et al.（2020）を改変

【→口絵2 参照】

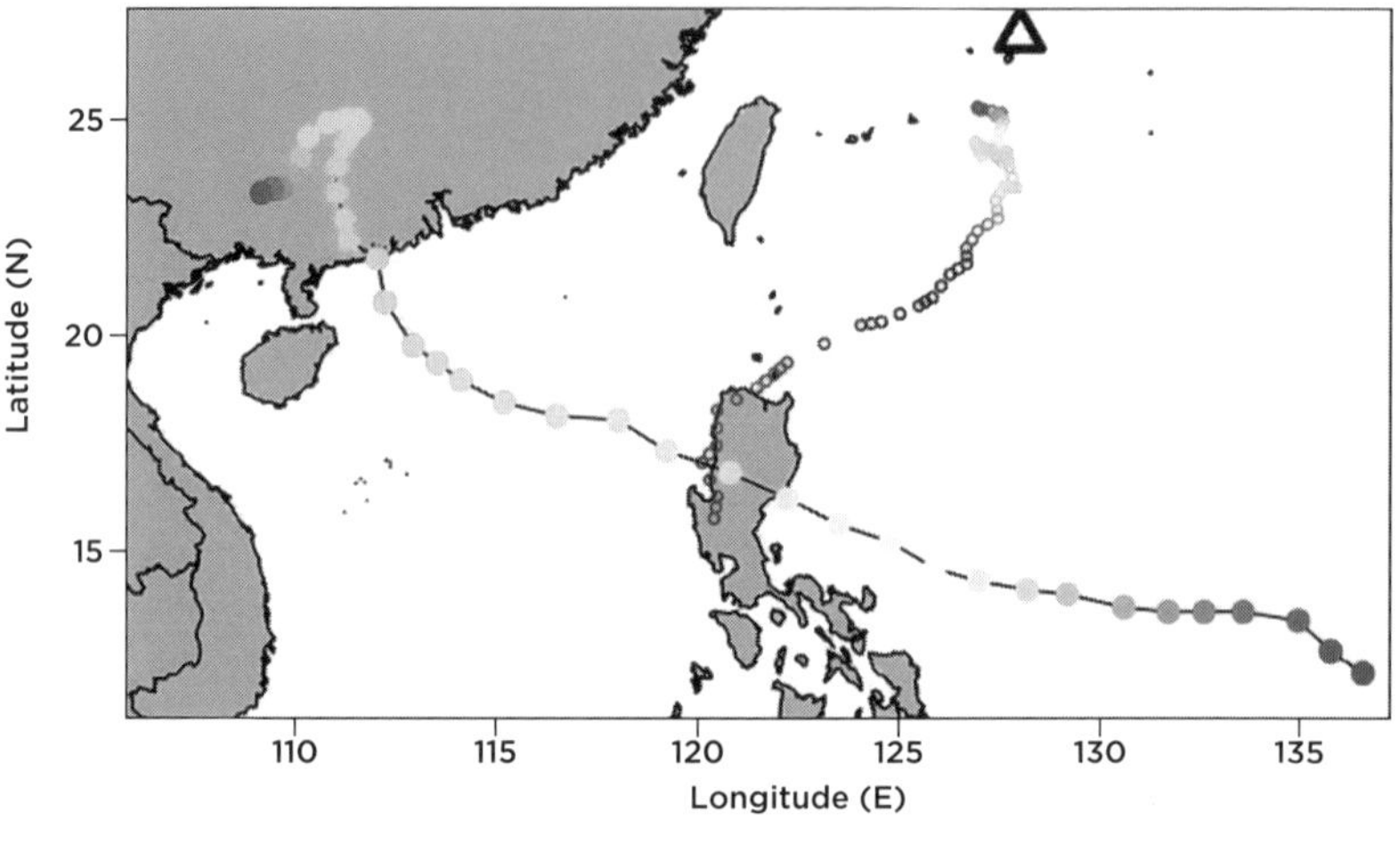

Thiebot J-B, Nakamura N, Toguchi Y, Tomita N & Ozaki K (2020) Migration of black-naped terns in contrasted cyclonic conditions. Marine Biol 167: 83.

を通り過ぎた数日後に、中継地を目指して沖縄を出発していました〈6-3、口絵2〉。一方で、8月に勢力の強い台風が通過しなかった2017年には、2012〜2014年に比べて23・8日遅く沖縄を出発していました。中継地は経由しないか、経由してもごく短時間の滞在となっていました。このような行動の変化により、出発日が異なるにもかかわらず、台風が通過した年、通過しなかった年ともに、越冬地のインドネシア周辺（カリマンタン島、スラウェシ島、ジャワ島）には10月1日の前後約1週間の間に到着していました。つまりエリグロアジサシは、台風が多い年には出発時期を早めたり、ルートを調整したりすることで、台風の少ない年と同じくらいの時期に越冬地へ到着できるようにしていることが明らかになったのです。天気予報をもたないにもかかわらず、エリグロアジサシは台風の到来を事前に察知し行動を変えているということになります。人間にはまねできない驚くべき能力ですが、これについては、台風によって発生するインフラサウンド（人間には聞き取れない超低周波領域の音）などの環境因子をエリグロアジサシが感知し、それに反応することで、結果的に渡りの時期や経路が調整されている可能性が考えられています。一方で、台風によって海水の表面と深い部分が混ざり、餌となる魚が捕りづらくなるという環境に対応した結果であるとも考えられます。今後の研究の進展が期待されます。

（富田直樹）

episode 7

先端技術と標識調査

近年、動物追跡の分野で科学技術は目覚ましい発展を遂げ、鳥類学もその恩恵を受けています。移動する動物を追跡するため、さまざまな機器や解析方法が開発され、バイオロギング（Bio-logging）という学問手法が確立されました。バイオロギングは、調査目的に応じて、位置情報だけでなく気温、水温、高度、心拍数、加速度などを記録するセンサーを搭載した機器を動物に装着することで、動物の生態や生理にせまろうというものです。鳥類では特に、海鳥で先進的な研究が盛んに行われてきました。最近では機器類が小型化してきたことで、これまで追跡ができなかったスズメ目の小型鳥類も追跡ができるようになってきています。

追跡に使用される機器は、鳥に装着した後のデータ取得方法により、蓄積型と発信型の二つに大別されます。蓄積型の追跡機器は、機器を装着した鳥を一定期間経過後に再捕獲し、回収することでデータが得られるものです。光センサーで照度、時刻を記録して位置情報を推定するジオロケーターやGPSロガーなどがよく使われています。小型、軽量で比較的安価に入手できるため、近年ではスズメ目の小型鳥類の追跡で用いられています〈7-1〉。発信型はいわゆる発信器と呼ばれるもので、GPSなどで位置情報を記録し、そのデータを何らかの通信手段を使って遠隔で取得するものです。通信方法は、人工衛星や無線通信によるものから、近年では携帯電話網により通信する機器が主流になりつつあります。発信器は通信モジュールがあることで重くなるため、比較的体の大きな水鳥類や猛禽類などに使用されている事例が多いです〈7-2〉。

鳥は空を飛ぶために特化した体をもつことから、特に重さには敏感です。鳥の体重

7-1 腰にジオロケーターを装着したノジコ（写真提供：出口翔大氏・青木大輔氏）

に対して重い機器を装着してしまうと、鳥の行動や生存率に大きな影響を与えかねません。そのため、装着する機器の重量は、動物実験に関する倫理的配慮の観点からその鳥の体重の3～4パーセント以下が望ましいとされています。しかし、種によって機器装着に対する感受性が異なるため、機器の重量や装着方法などは種ごとに慎重に検討する必要があります。一方で、装着した機器が軽量すぎると強度が保てず、装着後、嘴などで壊されてしまうこともあります。研究で必要なデータに加え、調査対象や類似種への装着実績などを吟味し、装着の影響を最小限に抑え、かつデータを効率的に得られるよう機器を選定することが重要となってきます。これらの条件をクリアした上で先端技術を活用することで、これまで謎だった鳥たちの生態を事細かに明らかにすることができるようになるのです。

華々しい成果を上げることができる先端技術ですが、これらの研究を進めるためには、対象となる鳥を確実に捕獲すること、そして捕獲した鳥を安全に扱い迅速に機器を装着することが不可欠です。対象となる鳥を捕まえるということに関しては、特に蓄積型の機器を使用する場合、困難

7-2

首環型の発信器を装着したカリガネ。ガン類、ハクチョウ類の場合は、背中よりも首に装着するほうが負担が軽減されることがあるを極めます。蓄積型は装着時と回収時の2回、同じ個体を捕獲しなければ、データを得ることができません。しかし、一度捕獲した鳥をもう一度捕獲するのは、現実問題として、非常にハードルが高いのです。たとえば、夏鳥を対象にジオロケーターを用いて渡りルートを調べる研究の場合、初めての捕獲ではその鳥の縄張り内にわなを仕掛けることで、さほど苦労することなく捕獲に成功することが多いのですが、翌年、同じ縄張りに帰還した個体は、前年に捕獲されたことを覚えており、同じわなではなかなか捕まえることができません。そのため、手を替え品を替え、鳥との知恵比べが始まるのです。

鳥を安全に扱い迅速に機器を装着することは、鳥の生存率に直結する問題です。機器を装着するために長時間鳥を保定すると、鳥は弱ってしまいます。野生動物ですから、弱った状態で野外に放つと当然天敵に襲われやすくなるわけです。そのような事態にならないためにも、鳥の扱いについて十分な訓練を行い、装着方法は剥製などを使って事前に練習するなど、研鑽《けんさん》が必要になってきます。

先端技術を使った研究は、鳥を捕まえて機器を装着する（＝個体識別できるようにする）という点では広義の標識調査と捉えることができます。また、機器を装着する調査では、ほとんどの場合、環境省の金属足環も同時に装着するため、狭義の標識調査の延長線上にあるともいえます。標識調査の技術は、こうした最新研究の礎となっているのです。

（澤祐介）

episode 8

日本にいるハマシギは、どこからやって来るのか

ハマシギは、日本を通過したり日本で越冬したりする渡り鳥で、旅鳥のシギ・チドリ類の仲間では代表的な鳥です。日本で見られるシギ・チドリ類の60〜70パーセントをハマシギが占めます（守屋 2018）。春または秋の干潟などで、ハマシギを観察したことがある方もいるでしょう。この〝有名な〟ハマシギはどこから日本に渡ってくるのでしょうか？ ハマシギのような渡り鳥がどこから来てどこへ行くのかという疑問は、自然観察をしていて最も知りたい現象の一つといえると思います。

その前に、そもそもハマシギはどこで繁殖しているのでしょうか？ じつは、北半球全域の

8-1 日本列島と関係するハマシギの亜種の繁殖分布域

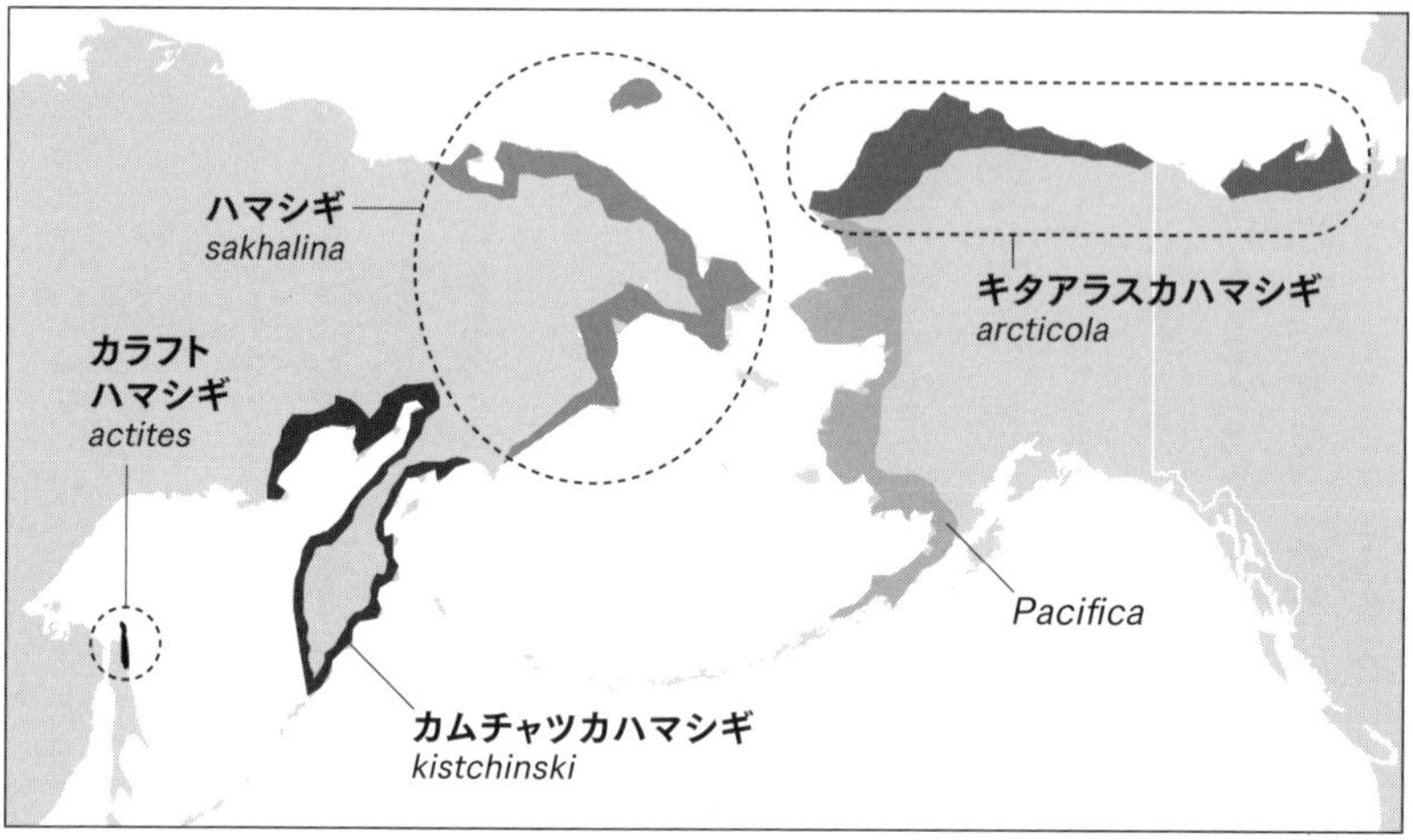

8-2

カムチャツカ半島で標識された繁殖期のハマシギ個体

高緯度地方で繁殖するのですが、そのうちのいくつかの亜種に日本列島を通過する、または日本列島で越冬するものがいます〈8-1〉。ここでいう「亜種」とは、種の下にある分類階級のことで、体の大きさや形、羽色が異なり、さらに異なる地域に分布していて人間が区別できる集団のことをいいます。

２万８０００例の標識記録と８１８例の回収記録のある標識調査のデータを用いた研究から、日本で見られる亜種はキタアラスカハマシギ *C. a. arcticola* がいちばん多いことがわかっています。一方、亜種ハマシギ *C. a. sakhalina* やカラフトハマシギ *C. a. actites* は、前者が九州、後者が北海道に少数の標識データがあるとされ、カムチャツカハマシギ *C. a. kischinski* は記録されていません（Lagassé et al. 2020）。

これまで、極東アジア地域に関係するハマシギのＤＮＡ解析は、海外の研究例はありましたが（Miller et al. 2015）、日本列島を渡り及び越冬の場としているハマシギについて、亜種や繁殖個体群の特定を行った研究は国内ではありませんでした。今回、環境省から受託している「シギ・チドリ類追跡調査」の業務においてＤＮＡ解析を行う機会を得たので、以下にその成果を紹介します。

山階鳥類研究所には、アラスカや極東ロシア、日本国内やベトナム等の地域で繁殖期及び渡り時期、越冬期に収集されたハマシギの血液サンプルが多数あります〈8-2〉。そこで、それらのサンプルを使用して、ミトコンドリアＤＮＡ（mtDNA）を用いたＤＮＡ解析をまず行ってみました。１００個体を分析した結果、①アラスカの系統群（*arcticola*群）、②チュクチ自治管区、マガダン、カムチャツカの系統群（*sakhalina*/

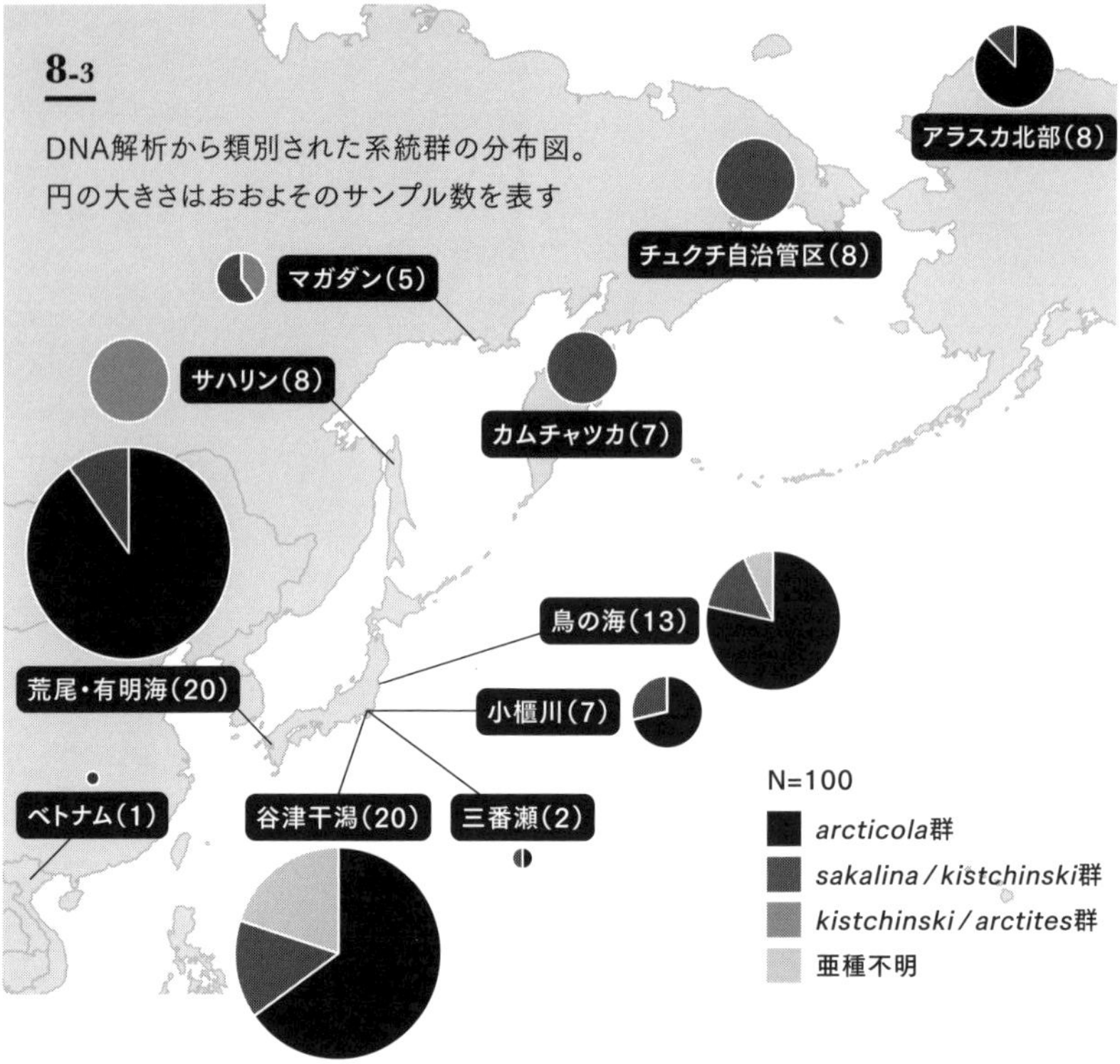

8-3

DNA解析から類別された系統群の分布図。
円の大きさはおおよそのサンプル数を表す

kistchinski 群）、③マガダンとサハリンの系統群（*kistchinski/actites* 群）の3つの系統群に大きく分かれることがわかりました〈8-3〉。ちなみに「系統群」とは、進化的にまとまりがある系統のことです。これらのうち、① *arcticola* 群は亜種キタアラスカハマシギのみで構成されますが、② *sakhalina/kistchinski* 群は亜種ハマシギとカムチャツカハマシギに分類される個体群から構成され、遺伝的にそれらの2亜種を分離することはできませんでした。また③ *kistchinski/actites* 群も同様に、亜種カムチャツカハマシギとカラフトハマシギから構成されますが、遺伝的に分離できませんでした。これは、隣り合う亜種間で分布が近接するために遺伝的な交流が生じ、亜種が完全に隔離されていないことに起因すると考えられます。

では、日本列島にはどの繁殖地由来の鳥が渡り中継や越冬のために飛来してきているのでしょうか？ 図〈8-3〉をみると、これまでの研究結果と同様に、いちばん数が多く検出されたのはアラ

Lagassé BJ, Lanctot RB, Barter M et al. (2020) Dunlin subspecies exhibit regional segregation and high site fidelity along the East Asian Australasian Flyway. Condor 122: 1–15.
Miller MP, Haig SM, Thomas D, Mullins TD et al. (2015) Intercontinental genetic structure and gene flow in Dunlin (*Calidris alpina*), a potential vector of avian influenza. Evol Appl 8: 149–171.
守屋年史 (2018) 極北のハマシギ訪ねて三千里 ハマシギの現状と保全のためにできること. バードリサーチニュース 2018年3月: 2【活動報告】.
https://db3.bird-research.jp/news/201803-no2/

スカ由来の①*arcticola*群で、渡り及び越冬個体全64個体中47個体（約73パーセント）を占めています（●パターン）。その次に多いのは、②*sakhalina*/*kistchinski*群（●パターン）で全64個体中11個体（約17パーセント）でした。一方、サハリンやマガダンで見つかっている③*kistchinski*/*actites*群（●パターン）の個体は、日本国内では見つかりませんでした。

これらの結果をまとめると、日本列島を通過する、または日本列島で越冬するハマシギの亜種でいちばん数が多いのは、アラスカが繁殖地の亜種キタアラスカハマシギといえます。これは先行研究（Lagassé et al. 2020）の標識データとも一致します。また、今回の解析では亜種を遺伝的には明確に区別できませんでしたが、亜種ハマシギもしくは亜種カムチャッカハマシギが日本の渡り中継地と越冬地にいることも明らかとなりました。一方、サハリンやマガダンで見つかっている、③*kistchinski*/*actites*群に含まれる亜種カラフトハマシギは、今回の解析では見つかりませんでした。もしかしたら、この亜種は渡り時期に日本列島に沿ったルートを通らないのかもしれません。

ハマシギは、環境省レッドリストでは準絶滅危惧種で、環境省が実施するモニタリングサイト１０００の調査結果でも近年減少傾向にあります（守屋 2018）。減少の要因はまだ明らかになっていません。ＤＮＡ解析を用いて亜種や個体群レベルの同定を行うことは、それらが渡り中継地や越冬地をどのように利用しているのかを解明することにつながり、さらにはその減少要因を特定する保全学的研究にも役立つことが期待されています。

（齋藤武馬）

episode 9

足環で判明したツル類の生態

鹿児島県出水《いずみし》市にはツル類が越冬しています。その数はナベヅルが約1万5000羽、マナヅルが約3000羽（2020－2021年の越冬期の調査）で、両種とも世界最大の越冬数を誇ります。ほかにも毎年クロヅル、カナダヅルが10羽前後、ソデグロヅル、アネハヅルは数年に一度、タンチョウも過去に数度の渡来記録があり、国内で観察されるすべてのツル類が見られる、まさにツル類の宝庫といえる場所です。

それらツルはどこから日本に渡ってくるのでしょうか？　手がかりを得るにはまず繁殖地の分布を示した地図にあたることですが、出水でツルの渡りの調査を始めたころのもので入手できたのは、「Cranes of the World」(Johnsgard 1983) というアメリカで出版されたものだけでした。それによると、マナヅルの繁殖地はロシアのアムール川中流域で、東はハンカ湖とあるものの、西はモンゴルの北西部からバイカル湖辺り（？）となっています。そして越冬地は出水のほかは朝鮮半島の南北の軍事境界線付近、中国南部についてては不明となっていました。ナベヅルに関してはそもそも営巣の発見がわずかで、確実な繁殖地とされるのはロシア・ヤクーチア南部のビリュイ川流域、ウスリー川支流のビキン川とアムール川下流域のウダ川に限られています。越冬地は出水と山口県八代《やしろ》以外は中国揚子江《ようすこう》河口域のみが知られていました。

国際ツル財団（ＩＣＦ）から提供されたカラーリングを、1979年に初めて出水のナベヅルに装着しました。最初は保護収容された個体でしたが、1983年からはロケットネットを用いての捕獲に成功し、以来2000年までにナベヅル約200羽、マナヅル約120羽を標識しています。最初の数年は、韓国、北朝鮮から回収記録が

9-1

中国ザーロン自然保護区でカラーリング（赤61）をつけて放鳥されたマナヅルの雛
（1987年6月15日撮影）

得られました。カラーリングの観察例も少しずつ得られるようになり、朝鮮半島が渡りの中継地であることは確認されました。

しかし期待した繁殖地からの記録はなかなか得られませんでした。ナベヅルとマナヅルの繁殖地は人口の少ないところなので、標識個体が発見されないのだろうと思われました。そこで、日本で作ったカラーリングをロシアや中国、モンゴルに送付して現地の研究者に繁殖地での装着を依頼しました。繁殖地から出水への移動が判明したのはマナヅルが最初でした。ロシア・アムール川流域のヒンガンスキー自然保護区で１９８４年に標識された幼鳥3羽のうち、2羽が出水で確認されたのです。同地からは、その後も多くのマナヅルが渡来しており、主要な繁殖地と考えられています。

ナベヅルでは１９８５年にロシア・ビキン川でカラーリングをつけられた5個体すべてが出水に渡来、そのうち1個体は翌年山口県八代に現れ、さらに翌年は出水へ移動と、期せずしてナベヅルの越冬地が年によって変わることも実証されました。同様に出水と韓国の大邱《テグ》の間で越冬地を替えるナベヅルも観察され、ツルの保全に国際的な協力が欠かせないことを示してくれました。なお、ビキン川はナベヅルの繁殖が最も確実に記録されているところで、１９８８年には私も日本野鳥の会の日ソ希少鳥類共同調査の一員として訪れて、それまでよくわかっていなかったナベヅルの繁殖生態を研究し映像に収めることができました。ただし、長期間抱卵を観察し、やっと孵化した直後の雛は小さすぎて足環をつけることができず残念な思いがしました。

マナヅルでは忘れることのできない家族がいます。１９８４年1月、出水で捕獲し

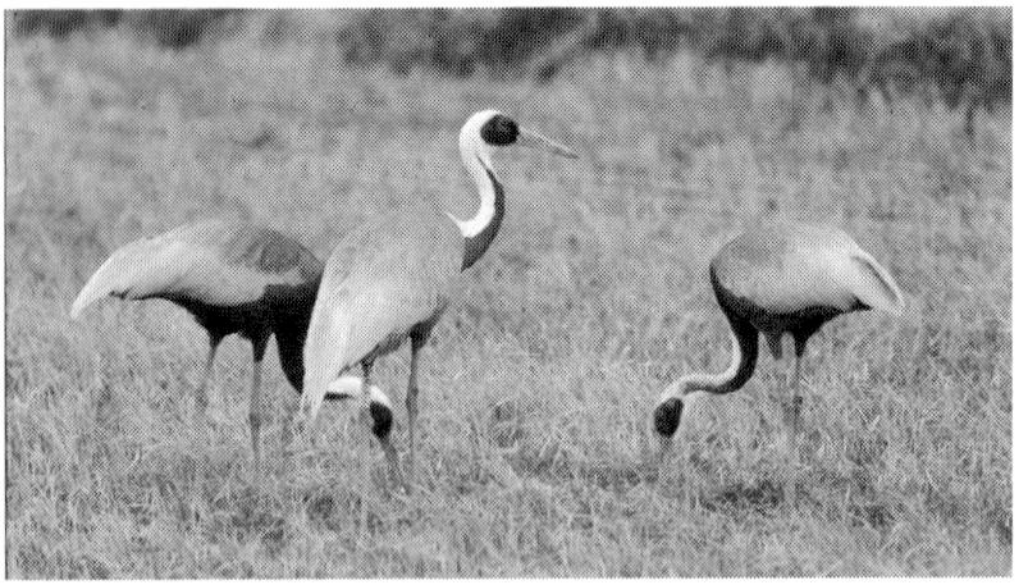

9-2

出水に渡来したオス（J17）とその幼鳥（赤61）
（1988年1月17日撮影）

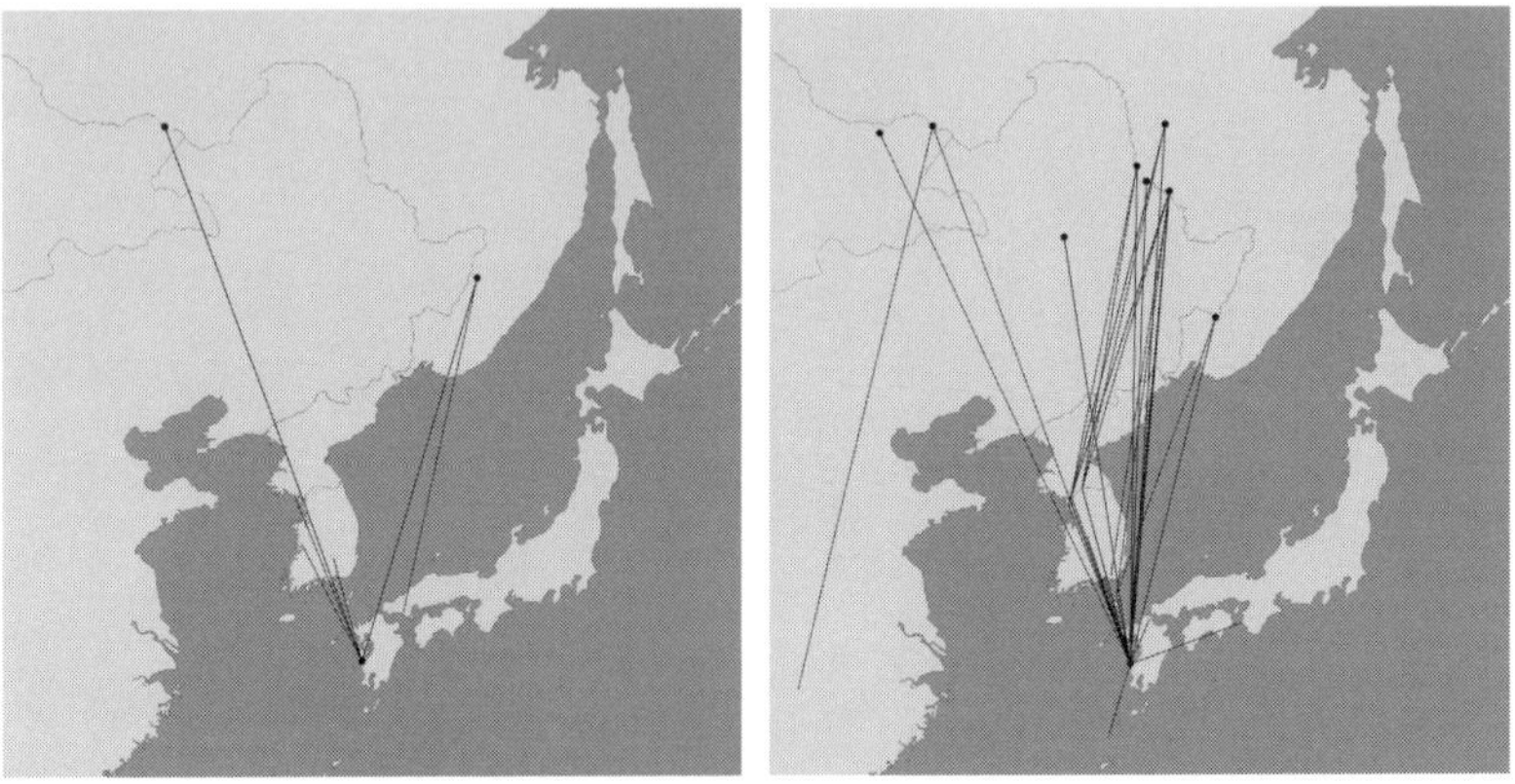

—— 6か月以内　-------- 6か月以上　● 放鳥

9-3　ナベヅル（左）とマナヅル（右）の回収・観察記録。実線は6か月以内の回収・観察、破線はそれ以外（越冬期や繁殖期を少なくとも一度挟むもの）を示す（2000年まで、尾崎2002）

て標識をつけたペア（J17♂とJ18♀）が、3月に1500キロメートル離れた中国黒竜江省《こくりゅうこうしょう》ザーロン自然保護区でツルを観察していた蘇立英《スーリーイン》研究員によって確認されました。翌シーズンは出水に2羽の幼鳥を伴って帰還していましたが、1985年の春の渡りのとき（3月11日）、韓国京畿道《キョンギド》でメス（J18）が死亡しました。報告を送ってくれた元炳旿《ウォンピョンオ》博士（128ページ参照）によると、これは密猟の犠牲だったとのこと。驚いたことに韓国ではガンカモ類の農薬を用いた密猟があって、ツル類も犠牲になっているそうです。その春、ザーロン自然保護区でペアの帰りを待っていた蘇研究員は、帰還が例年より1か月近く遅い3月29日だったので、不思議に思ったとのことでした。そして、その年の秋、J17は足環のついていないメスと幼鳥1羽を伴って出水に尾崎清明（1988）「中国ツルの生態」NHK取材班『秘境興安嶺をゆくII』：206–227. 日本放送出版協会, 東京.
尾崎清明（2002）標識調査で判明したツル類の生態. 日本鳥類標識協会福岡大会講演
Johnsgard PA（1983）*Cranes of the World*. Croom Helm, Bloomington.

現れたのです。これらの観察を総合すると、Ｊ17はメスＪ18を韓国で失って、18日後に繁殖地のザーロン自然保護区に到着するまでの間に次の相手を見つけ、その後、繁殖に成功したものと思われます。１９８７年の６月には私もザーロン自然保護区を訪れ、中国の研究者と協力してＪ17の雛を捕獲してカラーリング（赤61）をつけることに成功しました〈9-1〉。その鳥は12月にＪ17とともに出水に渡ってきて、生存を確認することができました（尾崎 1988）〈9-2〉。Ｊ17には、以後１９９９-２０００年越冬期までの16年間、毎年再会し、繁殖状況も記録できました。

ツルの標識を用いた調査によって、複数の繁殖地、越冬地間の移動や、寿命等も次第に明らかになってきました〈9-3〉。またロケットネットによって安全な捕獲ができることと、発信機の小型化に成功したことから、１９９０年からは人工衛星（アルゴスシステム）を用いた渡りの追跡も可能となり、さらに多くの生態が判明しています。

２０２２-２０２３年の越冬期には、出水で鳥インフルエンザによって、例年の総越冬数の１割に相当する１５００羽ものツルが死亡しました。これまでも、多くの鳥が集団で越冬すると感染症のリスクが高まる危険があると懸念されていましたが、それが的中したことになります。この異常が発生したとき、相当数のツルが出水からいったん韓国の越冬地に移動したことが、標識個体によっても実証されました。異常を察知したための行動なのか、単に人が検査のためにねぐらに入ったことによる撹乱のせいなのか、現時点ではわかりませんが、いずれにしてもツル類の保全には、国際間の移動を含め生態調査からの情報が不可欠なことは言うまでもありません。**（尾崎清明）**

episode 10

渡り鳥がつなぐ国際協力の輪

国境など関係なく自由に地球上を行き来する渡り鳥。渡り鳥は、繁殖する場所から冬を越す場所まで、一年を通して定期的に移動するため、渡りルート上の生息地が適切に守られていなければ、渡りを完遂することができません。そこには、当然国境を超えた国際協力が必要となってきます。しかし、一概に国際協力といっても国レベルの枠組みから民間・研究者同士の協力までさまざまなレベルで存在します。渡り鳥を調べる、そして守るためにどのような国際協力があるのでしょうか。

国レベルの枠組みでは、最も基本的なものとして渡り鳥等保護条約・協定があげられます。渡り鳥等保護条約では、渡り鳥や絶滅のおそれがある鳥類とその生息環境を保護するため、締結している二国間で共通の渡り鳥の捕獲規制や、絶滅のおそれのある鳥類の輸出入規制、共同研究プログラムの設定などが義務づけられています。日本では環境省が主管部署として、アメリカ、ロシアと渡り鳥等保護条約を、中国、オーストラリアと渡り鳥等保護協定を締結しています。これらの条約・協定のもとに、これまで日米間でのハマシギの渡りに関する共同研究や、日ロ間のオオワシ調査、日中間のズグロカモメ共同調査が実施され、一定の成果をあげてきました。しかし、二国間を越えて移動する渡り鳥も多く、それらに対応するためには、多国間の協力を推進する枠組みが必要となります。日本が参加している枠組みとしては、ラムサール条約、東アジア・オーストラリア地域フライウェイ・パートナーシップ、北極渡り鳥イニシアティブなどがあげられます。多国間で共通の議題を話し合い、対応を進めていくことで、より効果的な施策がとられることが期待されています。これらの枠組みは各国

10-1
コクガン

政府関係者が参加するほか、さまざまな作業部会が設置されており、ＮＧＯや研究者が議論を交わしながら政策提言や現地での活動に取り組んでいます。

民間レベルではさまざまなきっかけで国際協力が生まれます。そのなかには標識調査により足環を装着した鳥が海外で発見されることで、国際協力につながることがあります。私が研究しているコクガン〈10-1〉は、日本に来る個体群の繁殖地が長らく謎とされていました。２０１４年２月に宮城県で標識をつけられたコクガンが、ロシアのレナ川近くでハンターによって撃たれました。これがロシア標識センターからの連絡で判明したことで、日本に来るコクガンの繁殖地を探す調査隊が「雁《がん》の里親友《さとおやとも》の会」の主導で発足し、２０１６年６月、レナ川河口部のデルタ地帯（以降、レナデルタ）にあるコクガンの繁殖地で、日ロの研究者による共同の標識調査が行われました。

しかし、そのときにレナデルタで標識されたコクガンのうち１羽が、同年12月にアメリカのカリフォルニアで狩猟により回収されたと、アメリカ地質調査所から連絡が入ったのです。レナデルタは日本に来るコクガンの繁殖地ではなかったのか？　コクガンの繁殖地探しは振り出しに戻りましたが、この謎を解くため、日ロだけでなく、アメリカの研究者も参画した国際協力に発展しました。その後、東アジア・オーストラリア地域フライウェイ・パートナーシップのもとに作られているガンカモ類作業部会を通して、東アジアの研究者たちにも呼びかけ、中国、韓国の研究者も巻き込んで、２０１７年３月に東アジアのコクガンの発信器追跡プロジェクトが立ち上がったのです〈10-2〉。

10-2

2017年3月に函館で実施したコクガン専門家会合の参加者。中国からCao Lei中国科学院教授（上段左から2人目）、アメリカからDavid Wardアメリカ地質調査所研究員（同3人目）、ロシアからInga Bysykatovaロシア科学アカデミー研究員（同5人目）が参加

10-3

軽量飛行機で上空から撮影した換羽中のコクガン。ガン類は、換羽時にすべての風切羽が一度に抜けるため飛翔できなくなる時期がある。その時期には群れで固まって行動する

（写真提供：Sonia Rozenfeld氏）

10-4 ロシアの北極圏でのコクガンの分布調査。軽量飛行機で上空から分布を調査した。飛行機の背後の鳥はコクガン
（写真提供：Sonia Rozenfeld氏）

その後、コクガン追跡プロジェクトは決して順風満帆ではありませんでしたが、捕獲方法や発信器装着方法の試行錯誤を繰り返すことで、東アジアで越冬するコクガンの渡りルート、繁殖地、中継地、越冬地を次々に明らかにすることができました。そして、これらの渡りルート上の生息地を保全していくためには、現地の状況を的確に知ることが重要となってきます。そのため、ロシア科学アカデミーとの共同研究で、夏、コクガンが過ごした北極圏のノボシビルスク諸島での飛行機による上空からの分布調査〈10-3、10-4〉、オホーツク海北岸での春の渡り時期の分布調査、中国科学院との山東半島《さんとうはんとう》沿岸部での越冬分布調査など、現地調査を重ねてきました。そうして、これまで謎だらけであったコクガンの渡りや生息状況を明らかにすることができました。渡り鳥がつないだ国際協力の輪は、今後の保全を考える際にも重要です。これらの結果を関係者だけでなく、冒頭に説明したような国際会議の場で情報共有することで、各国でのレッドデータブックへの反映などの活用にもつながります。日本国内においても、環境行政へのデータ提供と活用の働きかけを通して種や生息地の保全に向けた活用が必要です。私たちの次の世代にも渡り鳥が見られる環境を残していくため、国際協力を通した渡り鳥の研究・保全活動は続きます。

（澤祐介）

Column

山岳バンディング

「山岳バンディング」とはあまり聞いたことのない言葉かもしれません。「バンディング」は標識調査を指しますが、その山岳ジャンルとして私が勝手に名づけたもので（このようなジャンルの調査方法が正式名としてあるわけではありません）、あえて定義するなら、「高標高の山岳地帯で鳥の捕獲を伴う調査」とでもしておきましょう。

私は学生時代、立教大学の上田恵介先生（現同大学名誉教授、日本野鳥の会会長）の研究室に在籍していて、現在の職場の同僚である森本元さんといっしょに富士山の五合目で車中泊をしながら、鳥の調査をしていました。それが私の「山岳バンディング」の始まりとなりました。

その後、メボソムシクイの研究が、修士、博士研究のテーマとなったので（144ページ参照）、北海道や東北地方をはじめとした山岳帯（標高1000～2500メートル付近まで）で調査をするようになりました。そのような場所で調査を行う場合、数日間は山の中で過ごすことになるので、かなりの重装備となります。テントや寝袋、食料やコンロなど野営に必要な道具をザックに入れて運ぶことはもちろん、かすみ網

大きなザックとバンディングポールを持っての登山姿

とポール、カメラ、測定道具などの調査道具も持ち込まなければいけません。生活に必要な装備を背負って登山するだけでも大変なのに、さらに調査に必要な装備まで持って山登りするのは一苦労です。そのため、持って行けるかすみ網の枚数も限られてしまい、大抵1枚ほどしか張ることができません。それに加え、北海道ではヒグマに遭遇する危険があるので、その警戒もしなければなりません。私が主に調査した北海道の知床半島は、ヒグマの高密度生息地帯なので、特に注意する必要がありました。山の中を歩く際には、出合い頭にクマに遭遇しないよう、常に大きな音を出して歩くことや、万が一クマに近距離で遭遇してしまったときのためのクマ撃退スプレーを携帯しておく必要があります。また、テントで野営する場合は、その中に食料を置いておくとクマに荒らされる危険があるので、テント場から離れた場所にある金属製のフードロッカーに保管する必要があります。

ハイマツ帯に張ったかすみ網

このように、高山地帯を一人で調査する場合はとても労力がかかる上、寂しいと思われるかもしれませんが、一方で深い山の中で一人ぼっちで泊まるのは周りの景色を独り占めでき、また

知床連山縦走中の
キャンプ地での野営の様子

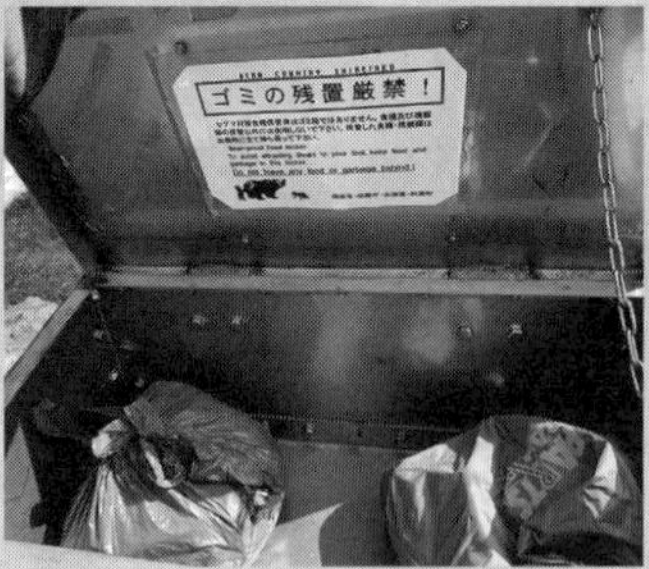

食料を保管するフードロッカー

自然と一体になったような気にもなれるので、とても贅沢な時間の過ごし方でもあります。しかし、２０２３年の日高山系の調査では、山行時間が長すぎて膝が痛くなってしまいました。若いときはバリバリ行動できましたが、最近はしんどいのであまりハードな「山岳バンディング」はやりたくないというのが正直なところです。

（齋藤武馬）

2章 鳥はどれくらい生きる?

人間は生まれるとすぐに名前をもらい、出生の記録が残されます。そのため他の人間と区別がつくし、その人がいま何歳なのかを知ることもできます。一方、野生の鳥たちには名前も出生記録もないため、区別もつかず年齢も全くわかりません。しかし標識をつけて「個体識別」をすると、その鳥がいつからいつまで生きていたのかがわかってきます。鳥類標識調査は、言ってみれば野生の鳥の戸籍をつくるような行為です。戸籍から明らかになった鳥たちの生きざまについて紹介します。

episode 11

毎年来るツバメは同じツバメか

春になると軒下の巣で子育てをするツバメ。その姿を見ると、私たちはなんとなく「今年もツバメが夫婦そろって帰ってきてくれたな」とほほえましく感じます。しかしちょっと待ってください。私たちはツバメの顔を見て一羽一羽区別できるわけではありません。だとすれば、昨年のツバメの夫婦と今年のツバメの夫婦が同じかどうかは、本当のところはわからないはずです。「夫婦そろって帰ってきた」というのは、もしかしたら私たちの思い込み、願望なのかもしれません。

昨年と今年のツバメの夫婦が同じであるかどうかを知るにはどうすればよいでしょうか。あるいはその疑問をもう少し一般化して、ツバメのつがい関係はどのくらい続くのか、ツバメはそもそもどのくらい生きるのか、という問いに変換すれば、その答えは何をもって得られるでしょう。もちろん、最も有効な方法は標識調査です。ツバメに足環をつけて個体識別し、翌年以降戻ってくるかどうかを調べることで、こういった問いの答えを得ることができます。

実際にこれを調べたすばらしい事例があります。1954年から1959年ということですからかなり昔のデータですが、この期間に東京の多摩地方でツバメの成鳥240羽、幼鳥1300羽に足環をつけて、どれくらいの割合が戻ってくるか調べた人がいるのです（金井 1984）。その調査結果はかなり意外なものでした（11-1）。まず、成鳥240羽のうち翌年も多摩地方に戻ってきたのは54羽（約23パーセント）でした。4～5羽に1羽の割合ということになります。あまり多くないですね。一方、幼鳥はさらに少なく、戻ってきたのはたったの3パーセント弱、34羽でした。成鳥に比べ幼鳥の戻ってくる割合は極端に低いのです。これは、幼鳥の死亡率が高いこととともに、幼鳥は生まれ故郷に戻らず新しい場所で暮らす傾向があるからだと考えられます。

さて、戻ってきた54羽は、オス26羽、メス28羽と性比はほぼ半々でしたが、このうち同じ夫婦で前年と同じ巣に戻ってきたのは、なんと3つがいのみでした。つまり、夫婦そろって同じ巣に戻ってくる割合は、単純に計算しても120つがいのうちの3つがい、わずか2・5パーセントなのです。おおざっぱにいえば、「今年も夫婦そろって帰ってきてくれた」といえるのは、40個の巣を見てやっと1つあるくらいということになります（実際には、捕獲した240羽は120組の夫婦だったわけではないでしょうから、これらの数字は厳密にいえば正しくはありません）。前年と同じ巣に戻ってきたけれど、その巣で前年と違うつがい相手と子育てをしていたのは、オスで10羽、メスで7羽でした。これらのことから、前年と同じツバメの夫婦が今年も帰ってきてくれた、と考えるのは、残念ながら思い込みである場合が多いといえそうです。ただし、同じ夫婦が前年とは別の巣で子育てをした例も8例見つかっているので、120つがいのうちの11つがい、1割近くは前年と同じ夫婦でいたということになります。

この結果をどう見ればよいでしょう。前年と同じ夫婦が1割しかいないなんて、ツバメって案外薄情なんだな、といえるでしょうか。いえ、必ずしもそうではないと思います。そもそも、ツバメが翌年も戻ってくる割合は成鳥でも4～5羽に1羽でした。戻ってこない個体のなかには、もしかしたら別の場所で元気に暮らしているものもいるかもしれませんが、ほとんどの個体は、過酷な渡りの途中で、あるいは越冬地で、

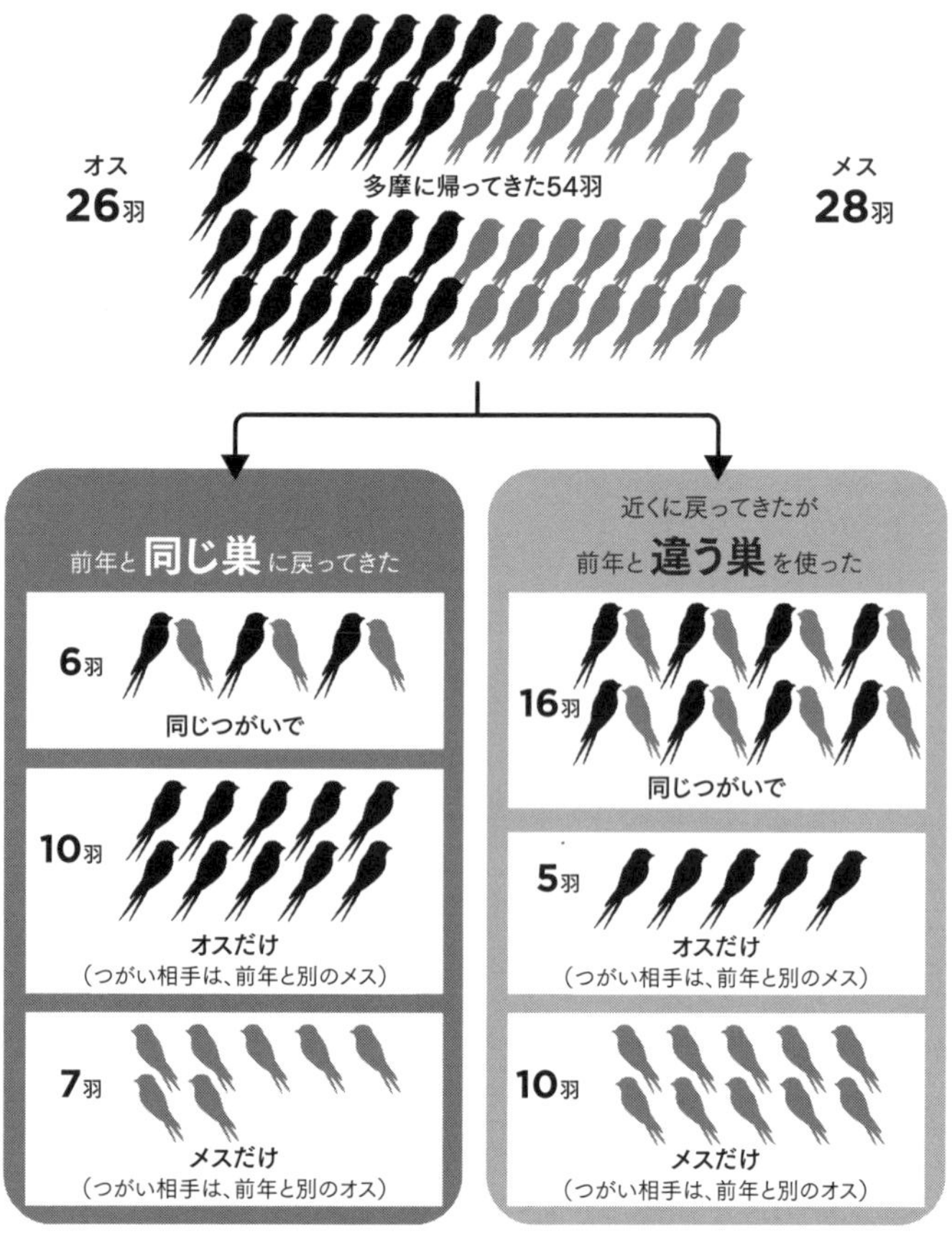

11-1 東京の多摩地方に戻ってきたツバメの内訳。成鳥240羽、幼鳥1300羽に足環をつけて調べたもの

金井（1984）をもとに作図

死んでしまっているのでしょう。つまり夫婦そろって繁殖地に帰ってこられるほうが稀で、前年のつがい相手とは死別してしまうほうが圧倒的に多いのだろうと考えられます。

では最初の疑問に立ち返ってみましょう。昨年と今年のツバメの夫婦が同じであるかどうか知るにはどうすればよいか。これは標識調査によってわかるといえます。ツバメのつがい関係はどのくらい続くのかについては、今回紹介した事例に基づくと、翌年まで続くのが1割弱であり、複数年続くことはほとんどないといえるでしょう。ツバメはそもそもどのくらい生きるのかについては、この多摩の研究では、平均すると幼鳥で1・6年、成鳥で2・3年と見積もられており、かなり短いといえます。なお、標識されたツバメでこれまでに最も長い期間をあけて回収された例は8年11か月となっています（吉安ら 2020）。

ツバメはいま全国的に数が減っているといわれています。原因はいろいろありますが、ツバメの生息に適していた里山環境が開発され減少したこと、それにより餌となる昆虫も減ってきたこと、建物の構造が変わってツバメが巣を作りにくくなったことなどが考えられます。ツバメが安心して子育てできる環境自体が少なくなってきているのです。もちろん中継地や越冬地で何らかの問題が起こっている可能性もあります。

短い命ながら毎年渡りを繰り返し、懸命に子育てをして世代をつないでいるツバメ。これからもツバメが継続して帰ってきてくれるような環境を、私たちはきちんと残していきたいものですね。

（水田拓）

金井郁夫（1984）『多摩の動物群像』片倉書店, 東京.
吉安京子・森本元・千田万里子・仲村昇（2020）鳥類標識調査より得られた種別の生存期間一覧（1961–2017年における上位2記録について）. 山階鳥類学雑誌52: 21–48.

episode 12

長生きする鳥たち

「鶴は千年」という表現があるように、鳥は種類によってとても長生きする、と考えられてきました。実際、鳥たちはどのくらい長生きするのでしょうか。また、どんな鳥に長生きする傾向があるのでしょうか。

生き物の平均寿命や最大寿命を知るには、多くの個体の誕生から死までを追跡しないといけません。野鳥の寿命を正確に知るのは事実上不可能に近いことですが、長期にわたる標識調査のデータには、長い年月が経過してからの再捕獲・再発見（回収）記録が蓄積されていて、各種の生存期間の傾向が明らかになりつつあり、どんな鳥が長生きするのかがある程度わかります。左の表〈12-1〉は、1961年から2017年の間に行われた日本の標識調査で、初放鳥の日から再捕獲（回収）された日までの最長記録をそれぞれの種で示したものです（一部の種を抜粋）。

日本の標識調査における長寿（最長生存期間確認）記録はオオミズナギドリ〈12-2〉で、実に36年8か月です。ちなみにこの個体は1975年5月16日に国内最大の繁殖地である京都府舞鶴市の冠島《かんむりじま》で捕獲、標識され、2012年1月16日に越冬中のマレーシアの島で衰弱していたところを保護されたものでした。また、オオミズナギドリは通常4歳以上になると繁殖を開始しますが、この個体は、初捕獲された時点ですでに繁殖齢に達していました。つまり、最終確認時には、少なくとも40歳を超えていたことになります。

またこの表からは、全体として海鳥が長生きする傾向にあることがわかります。特に大型のミズナギドリ目には、先述のオオミズナギドリ〈12-2〉に加え、アホウドリ

目	種	生存期間
キジ目	**キジ**	4年 11か月
カモ目	**オオハクチョウ**	23年 1か月
	カルガモ	11年 2か月
	オナガガモ	23年 0か月
ミズナギドリ目	**オオミズナギドリ**	36年 8か月
	アホウドリ	34年 3か月
	コアホウドリ	33年 1か月
	クロコシジロウミツバメ	32年 0か月
	オーストンウミツバメ	28年 1か月
ペリカン目	**ダイサギ**	21年 6か月
	コサギ	12年 5か月
カツオドリ目	**カワウ**	17年 2か月
チドリ目	**キョウジョシギ**	14年 9か月
	ウミネコ	32年 10か月
	オオセグロカモメ	26年 3か月
	ユリカモメ	27年 1か月
	コアジサシ	21年 10か月
	ウトウ	33年 10か月
タカ目	**トビ**	8年 4か月
	オオタカ	18年 8か月
	オオワシ	17年 1か月
ツル目	**ナベヅル**	26年 9か月
	タンチョウ	19年 6か月
ハト目	**キジバト**	10年 0か月
フクロウ目	**フクロウ**	19年 0か月
ブッポウソウ目	**カワセミ**	5年 1か月
スズメ目	**ハシブトガラス**	19年 4か月
	シジュウカラ	7年 11か月
	ヒヨドリ	10年 4か月
	ツバメ	8年 11か月
	ウグイス	9年 0か月
	ムクドリ	7年 7か月
	ツグミ	5年 3か月
	スズメ	8年 1か月
	ハクセキレイ	9年 1か月
	アオジ	14年 3か月

12-1

標識調査によってわかった
鳥の最長生存期間

（34年3か月）、コアホウドリ（33年1か月）〈12-3〉が長寿であることがわかりますが、ヒヨドリやムクドリなどよりも軽い体重約50グラムの小型の海鳥、クロコシジロウミツバメにも32年0か月という記録があります。さらに、中型の海鳥であるチドリ目にも、ウトウ（33年10か月）やウミネコ（32年10か月）のように30年以上生存した個体の記録があります。

海鳥以外でも、オオハクチョウの23年1か月、ダイサギの21年6か月、フクロウの19年0か月などがあります。長生きの象徴であるツルの仲間は、ナベヅルの26年9か

12-2

日本の最長生存期間確認の記録をもつオオミズナギドリ
（2007年御蔵島の個体）

月、タンチョウの19年6か月の記録があり、千年とはいきませんが、比較的長命であることがわかります。普段目にすることが多いスズメ目では、ハシブトガラスの19年4か月を除けばおおむね10年弱が最長生存期間確認の記録でしたが、アオジはそのなかでも14年3か月と非常に長生きした個体が確認されています。

ここまで標識調査の長寿記録をみてきましたが、一つ注意しなければならないのは、データの形質上、調査の歴史が長く、多くのデータがある種ほど記録がのびやすい、ということです。最長記録をもつオオミズナギドリは約50年前から毎年定期的に調査が継続されています。また、小鳥類のなかでもアオジは年間2万羽以上が標識される、最も放鳥数の多い種です。これらの種はその分、長寿記録が出やすく、また今後もこれまでの記録を破る個体が確認される可能性も高くなりますが、ほかの同じような分類の鳥と比べて特別寿命が長いとはいえないかもしれません。

海外でこれまで確認されている野鳥の最長生存期間は、ハワイのミッドウェー島で繁殖しているコアホウドリ〈12-3〉であるといわれています。Wisdom（「知恵」や「英知」という意味）と名づけられたこの個体が最初に標識されたのは1956年でした。コアホウドリは通常5歳ぐらいにならないと繁殖を始めませんが、Wisdomは、その時点で卵を産んでいたとされており、すでに5歳以上だったと考えられています。つまりWisdomは1951年以前生まれ、2023年時点で72歳以上ということになります。Wisdomはいまでも毎年ミッドウェー島の繁殖地で見られており、毎年営巣するわけではありませんが、これまでに少なくとも50回以上繁殖し、30羽以上の雛を巣

12-3

海外も含む野鳥の最長生存期間確認の記録はハワイのコアホウドリ
（2007年小笠原の個体）

立たせたことがわかっています。

飼育下の鳥ではどうでしょうか。一般的に飼育下の鳥は、天候不順や餌不足、天敵など野生下の鳥が経験する生存に不利な条件から守られるため、相対的に長生きすることが知られています。これまで孵化日が確認できている鳥の最高齢は、動物園で長年飼育されたクルマサカオウムとされています。この鳥は、１９３３年６月30日にオーストラリアの動物園で孵化した後、すぐにアメリカのブルックフィールド動物園に移動し、その後２０１６年8月27日に83年の生涯を終えるまで飼育され、たいへんな人気を博しました。

このような例をみると、鳥は比較的長生きすることができる、といえるのではないでしょうか。一般的に生き物の寿命は代謝速度に関係するといわれ、哺乳類では体サイズが大きいほど長命である傾向があります。ところが鳥の場合、体が小さく代謝速度が速い種でも同サイズの哺乳類に比べ長命であることがわかります。たとえば、体重約20グラム弱のハツカネズミは、飼育下で長生きする個体でも3～4年ほどですが、20グラムほどの野鳥の多くはその倍以上の記録があります。

野鳥の寿命や老化については、まだわかっていないことが多く、今後も新たな知見が蓄積されていく研究分野です。なぜ鳥は比較的長生きできるのか、なぜ哺乳類のような老化がみられないのか、など今後の研究の発展が期待されます。

（油田照秋）

episode 13

小鳥も案外長生きする

「『うちの餌台にスズメが何十年も来ているのよ。とても長生きなの』。このような話を耳にすることがありますが、個体に印がついているわけではないので、じつは個体は入れ替わっています。小鳥の寿命は、たいてい平均1年程度です」。そんなお話を、講演などでする機会があります。まさに、この答えを出してくれるのが標識調査です。標識調査は、一羽一羽に異なる個体番号が刻まれた足環を装着する調査ですから、再発見されるまでの期間のデータが、その種の寿命を知る手がかりとなります。

一般によく知られていることとして、飼育下の個体は、野生で自然に生きている個体と比べ、ずっと長生きします（79ページ参照）。動物園などで飼われている場合、餌は毎日きちんと与えられますし、雨風もしのげます。病気になれば治療もしてもらえます。これに対して、野生では、冬の寒さをしのぐ必要もありますし、暴風雨で飛ばされてしまうこともあるでしょう。餌がなかなか見つからない状態で必死に餌を探す必要もあります。タカなどに狙われて捕食されたり、ケガをしてしまったりすることも日常です。野外での実際の寿命がどの程度なのかは見当もつきません。しかし標識調査であれば、野生個体の寿命を推測することができる自然なデータが得られます。もちろん、再発見後も野外で生き続けていますから、実際の寿命は再発見されるまでの期間よりもっと長いのですが、少なくとも標識調査における再発見期間以上のデータはありませんから、寿命の長さを知る最良の手がかりであることには変わりありません。

先に書いた「小鳥の平均寿命は1年程度」という話を耳にしたことがある読者も多いと思います。しかしこれは少々あらっぽすぎる説明です。なぜなら「平均」とは何なのかをきちんと理解しないと、誤解が生じてしまうからです。平均の話が通じるのは次のようなときです。たとえば体の大きさを考えた場合、中程度の大きさの個体が最も多く、両極端（すごく大きい、または、すごく小さい）ほど個体数が少ない、というようなケースであれば、平均値はその生物の代表値として扱えます。ヒトの身長で考えるとイメージしやすいでしょう。日々、私たちが通勤ですれ違う人々を思い浮かべると、（特定の年齢層で同一の性別に着目すると）ほどほどの身長の人とはよく出会いますが、とても背が高い人やとても背の低い人に出会う頻度は高くありません。これが寿命の話になると変わってきます。ヒトの寿命は、幼少期〜中年期での死亡率は非常に低く、70歳代や80歳代になると、多くの個体が死亡していきます。つまりヒトはそういう動物です。では鳥はどうでしょうか。体サイズや種によって違いがありますが、鳥は死亡率が生涯を通じて一定に近いといわれているグループです。標識調査を大規模に実施している新潟市の福島潟《ふくしまがた》鳥類観測1級ステーションにおけるカシラダカの分析結果を例にみてみましょう。82ページのグラフ〈13-1〉をみると、再発見までの年数（横軸）が伸びるほど、再発見される個体数（縦軸）が減っていることがわかります。つまり、毎年の死亡率が一定であるということです。この分析結果からは、カシラダカの寿命は4・5年超ほどだと推定されます。集団として毎年さまざまな理由（捕食や事故、病気など）でどんどん死んでいき、生き残っている個体が見られなくなる予測値が約4・5年ということなのです。

これに対して、野外での最長寿命は、また別の話になります。飼育下より野生下で

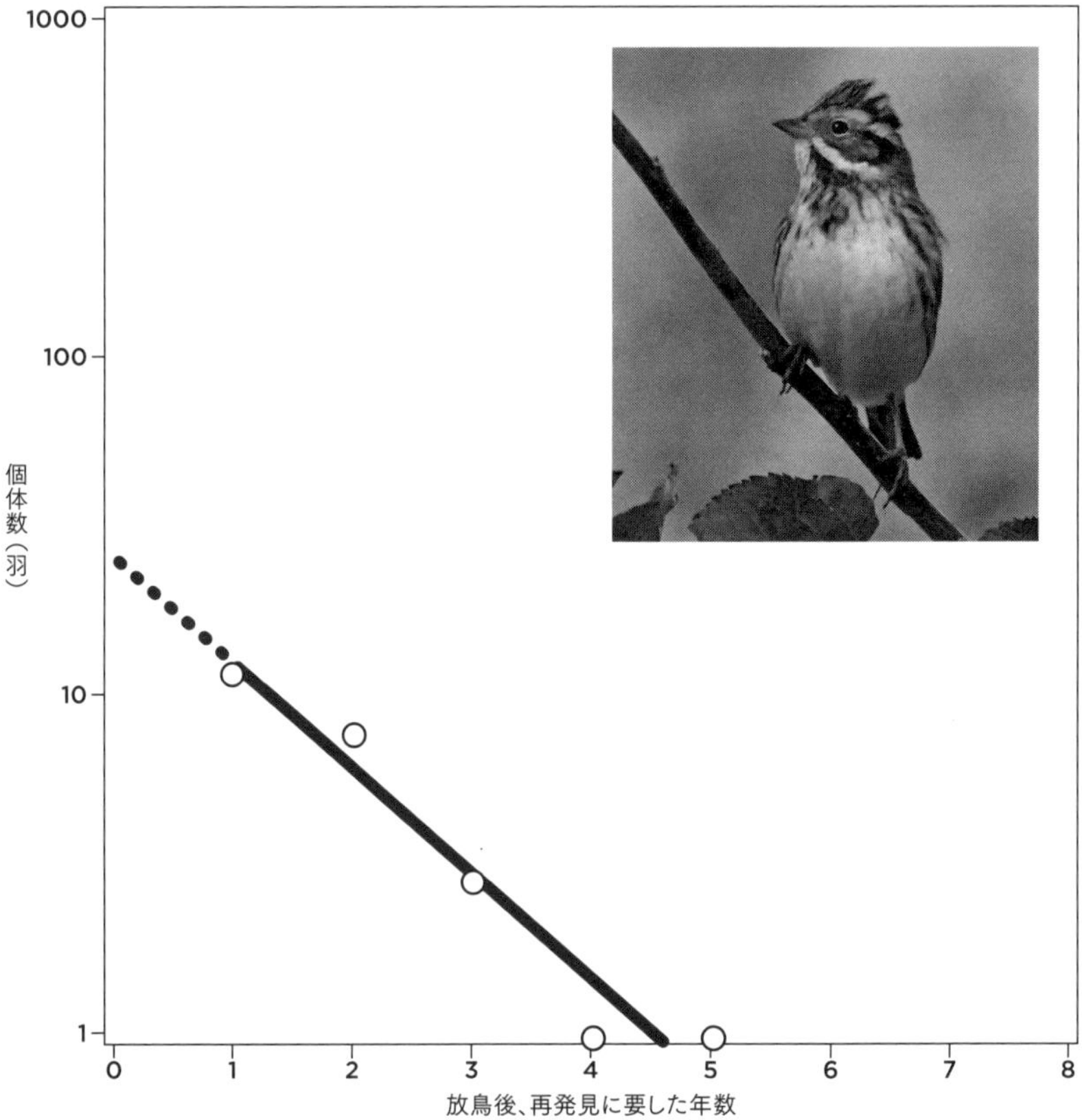

13-1 1961年から2017年の間に行われた福島潟ステーションにおけるカシラダカの再発見年数と発見個体数。死亡率が毎年一定であることや寿命が推察できる（縦軸が対数であることに注意）

吉安京子・森本元・千田万里子・仲村昇(2020)鳥類標識調査より得られた種別の生存期間一覧（1961–2017年における上位2記録について）. 山階鳥類学雑誌52: 21–48.
山階鳥類研究所（2018）2016年鳥類標識調査報告書. 環境省自然環境局 生物多様性センター , 富士吉田.

は寿命がずっと短いと書きましたが、そんななかにもすごく長生きの1羽というのは存在します。私たちが通勤時に「ものすごく背の高い人」に会う確率が、通勤年数が長いほど、またすれ違う人が多いほど高くなるのと同様に、調査期間が長くなるほど、調査した個体数が多くなるほど、そうした「すごく長生きな個体」を見つける確率は上がります。カシラダカの場合、日本の標識調査の約60年の記録から、初放鳥の日から再確認（回収）された日までの長さを調べてみると、最長記録は8年0か月、次点の個体は7年11か月でした。スズメほどのサイズの小鳥ですから、これらの個体はかなり長生きといえるのではないでしょうか。なお、同じホオジロ科で同じようなサイズの鳥をみてみると、最長記録はホオアカで7年8か月、ミヤマホオジロで7年1か月、アオジで14年3か月、オオジュリンで10年3か月といった具合です。けっこう似た値の種もいますね。これらの鳥も推定寿命はもっとずっと短いのですが、数千羽や数万羽とたくさん調べてみると、そのなかのスーパー長生き個体が発見されてきます。これらはそうしたすごい長寿記録というわけです。

（森本元）

episode 14

蕪島に集まる3万羽のウミネコ

野生動物の寿命はどれくらいか？　何歳から繁殖を開始するのか？　「年齢」に関係する野生動物の生態は、多くの人の関心を引くトピックであるだけでなく、個体群動態を把握する際に必要な情報です。生存期間や繁殖開始年齢、個体群の年齢構成などの生活史を把握することは、個体群の増減に関する長期的な予測を可能にし、野生動物の保全や管理を大きく前進させる助けになります。人間社会でいう国勢調査のようなものです。また個体の単位でみても、加齢に伴う繁殖への影響や、行動や免疫機能の変化を調べることは、生物の生活史戦略や老化の仕組みの解明につながることになります。このように「年齢」は生物を特徴づける重要な情報です。しかし、野生動物、特に長寿命の種については、一定の年齢以上になると見た目があまり変わらなくなるため、外見から年齢を推定することは非常に困難になります。そのため、これまでに染色体の末端部にあるテロメアの長さや、ＤＮＡのメチル化率の経時変化（エピジェネティッククロック）を指標とする年齢の推定方法が考えられてきました（Remot et al. 2022, 村山 2024）。しかし、これらの方法は種ごとに結果が異なるなどの課題があり、まだ確立途中の段階にあります。したがって、雛や幼鳥の間に足環をつけることができればという条件がつきますが、標識調査がいまのところ個体の正確な年齢を知る唯一の手段であるといえます。青森県八戸市の蕪島《かぶしま》では、海鳥であるウミネコの標識調査が１９２０年代から行われ、これまでに多くの生態が明らかになってきました。

　蕪島は、青森県八戸市の北東部に位置し、日本有数のウミネコ繁殖地の一つで、天然記念物に指定されています。面積は約１・８ヘクタールと小さな島ですが、３万羽

14-1　抱卵期の蕪島。白い点は抱卵中のウミネコで、島の頂上部に蕪嶋神社がある

超のウミネコが島全域に密集して繁殖します。蕪島で繁殖するウミネコは、3月上旬から繁殖地に集まり、縄張り争いやつがい形成、巣作りを経て、4月下旬ごろから産卵が始まります（成田・成田 2004）。この時期の島は、つがい相手や縄張りに侵入した他個体に対する「アァーアァー」や「クワックワッ」というウミネコ特有のさまざまな鳴き声で一気ににぎやかになります。そして、7月下旬までにはほとんどの雛が巣立ち、蕪島は落ち着きを取り戻します。また、蕪島は「島」といっても現在は本土と陸続きになっています。以前は海岸から約150メートル沖合にありましたが、1919年以降、港整備のため仮橋や吊橋が架けられ、第二次大戦中に埋め立てられました。

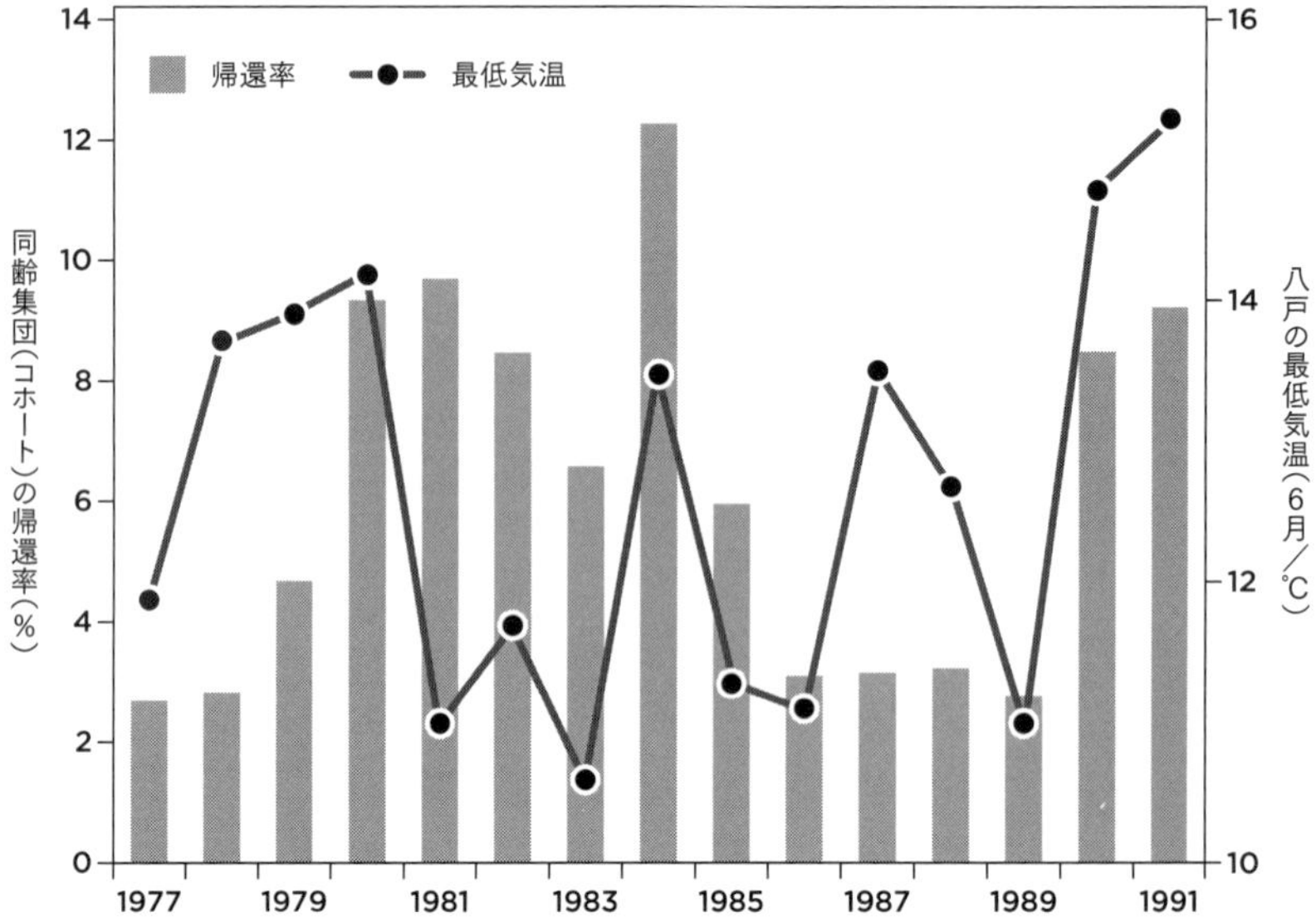

14-2 再捕獲調査から明らかとなった1977年から1991年生まれのウミネコの帰還率と八戸の育雛期の気温の関係

頂上には蕪嶋神社があり、ウミネコの繁殖期には約6万〜10万人が訪れる観光地としても有名で、繁殖を間近で観察できる数少ない場所です（14-1）。

蕪島のウミネコ個体群における標識調査の歴史は長く、1924年から断続的に行われてきました。1966年からは、八戸の成田憙一《きいち》氏（故人）と章氏の親子によって継続して環境省の金属足環による標識調査が行われています。蕪島の最大の特徴は、毎年、雛に標識していることで、2024年までに10万羽以上（760〜2523羽／年）の雛に対し、10〜15日齢すぎのときに足環がつけられています。また、海鳥は毎年繁殖期になると自身の生まれた場所（繁殖地）に多くの個体が戻り、繁殖することから、抱卵期に蕪島に帰還した標識個体の再捕獲調査と足環番号の読み取りを行い、個体群の年齢構成の変化も調べられています。これまでに記録された蕪島のウミネコの最高年齢は32歳10か月であり、アホウドリやオオミズナギドリ、ウトウに次いで国内で4番目の長寿記録と村山美穂(2024)「エピジェネティッククロックを活用した野生動物の遺伝資源保全」公益財団法人遺伝学普及会(編著)『生物の科学』78: 180–184. エヌ・ティー・エス, 東京.
成田憲一・成田章(2004)『ウミネコ観察記 八戸市蕪島』木村書店, 八戸.
Remot F, Ronget V, Froy H, Rey B, Gaillard JM, Nussey DH, Lemaitre JF (2022) Decline in telomere length with increasing age across nonhuman vertebrates: A meta-analysis. Mol Ecol 31: 5917–5932.
吉安京子・森本元・千田万里子・仲村昇(2020)鳥類標識調査より得られた種別の生存期間一覧(1961-2017年における上位2記録について). 山階鳥類学雑誌 52: 21–48.

なっています(吉安ら 2020)。

長期にわたる標識調査から地球規模の環境変化の影響も徐々に明らかになってきました。たとえば、東北地方では「やませ」と呼ばれる低温の北東風が吹くことで冷夏になり、作物の生育に影響することがあるのは広く知られています。こういったやませなどの環境要因がウミネコの生存にも影響を与えているのではないか。そう考え、ウミネコの生後1年以内の初期生存に影響する環境要因を明らかにするため、各同齢集団(コホート)の帰還率(それぞれの年に標識した雛数に対する再捕獲した個体数の割合)と繁殖期の環境要因との関係を調べてみました。その結果、育雛《いくすう》期の八戸の気温と各コホートの帰還率は相関関係にあり、やませの影響で育雛期の気温が低い年は、巣立ちまでの雛の生存率が低下することが示唆されました(14-2)。さらに、非繁殖期の移動経路や滞在する場所のうち、越冬地となる関東・常磐沖の海水温の影響も幼鳥の生存率に影響することがわかってきており、生後1年以内の環境要因が蕪島ウミネコ個体群の年齢構造に影響すると言えそうです。

近年、長期的な生態研究によって、海鳥類の繁殖成績や成鳥の生存率などの個体群動態は、地球規模あるいは局所的な環境条件に応答して変化することが明らかになり、個体群動態の将来予測モデルの構築や保全生物学へ応用されています。しかし海鳥は、小型のウミツバメ類から大型のアホウドリ類まで体の大きさにかかわらず陸鳥と比べて長寿命な種が多いため、今後も数十年単位の長期的な標識調査は欠かすことができないでしょう。

(富田直樹)

episode 15

アマミヤマシギの奇妙な生活

アマミヤマシギは奇妙な鳥です。多くの鳥は昼間に活動しますが、この鳥は昼も夜も活動します。水辺にいることが多いシギの仲間なのに、水辺から離れた森の中にすんでいます。空は確かに飛べるのですが、でもあまり飛びたがりません。人間がゆっくり近づくと、飛ぶよりもまず歩いて逃げていきます。もっと近づくとしかたなく飛び立ちますが、頭上の木の枝にぶつかったり、向かい風のなか一生懸命飛んでいるのに後ろ向きに流されたり。間が抜けているというか不器用というか、ともかくそんな奇妙で愛すべき鳥です。

アマミヤマシギはその名が示すとおり奄美群島を含む琉球列島《りゅうきゅうれっとう》だけにすんでいる、いわゆる固有種です。アマミヤマシギの不器用さは、キツネやイタチといった捕食性の哺乳類がもともといなかった琉球列島で生きてきたことが関係しているのでしょう。のんびりしていてもさほど困らなかったため、敵をおそれてびくびくするようなことがなくなったのだと考えられます。

しかし、その性格は環境が変わると仇《あだ》になります。1979年に、アマミヤマシギの主要な生息地である奄美大島で、毒ヘビのハブを退治する目的で人間がマングースを放してしまいました。外来種であるマングースは危険なハブなど食べずにのんびりした島の生き物を捕食し、アマミヤマシギを含むさまざまな生き物が絶滅危惧種となってしまいました。そこで、環境省はアマミヤマシギの保全事業を計画し、その事業の一環として、地元のNPO法人奄美野鳥の会が2002年から標識調査を含むモニタリングを開始しました。標識調査によってこの鳥の年齢や生息範囲を調べ、その

夜に林道上に出てきた
アマミヤマシギ

情報を保全策に活かそうというのです（Torikai et al. 2025）。

調査の方法はいたって簡単です。アマミヤマシギは夜になると林道上に立っていることが多いため〈15-1〉、それを探して自動車でゆっくりと走るのです。見つけたアマミヤマシギは、巨大なたも網を使って捕獲します。驚くべきことに、この鳥はたも網を持って静かに近づき、それをおもむろに被せることで容易に捕まえることができるのです。

２００２年から２０１８年までの間に、そうやって７０４羽のアマミヤマシギを捕まえました。捕まえた個体には、金属足環とプラスチック製のカラーリングをつけて放します〈15-2〉。こうして個体識別されたアマミヤマシギが、別のとき別の場所

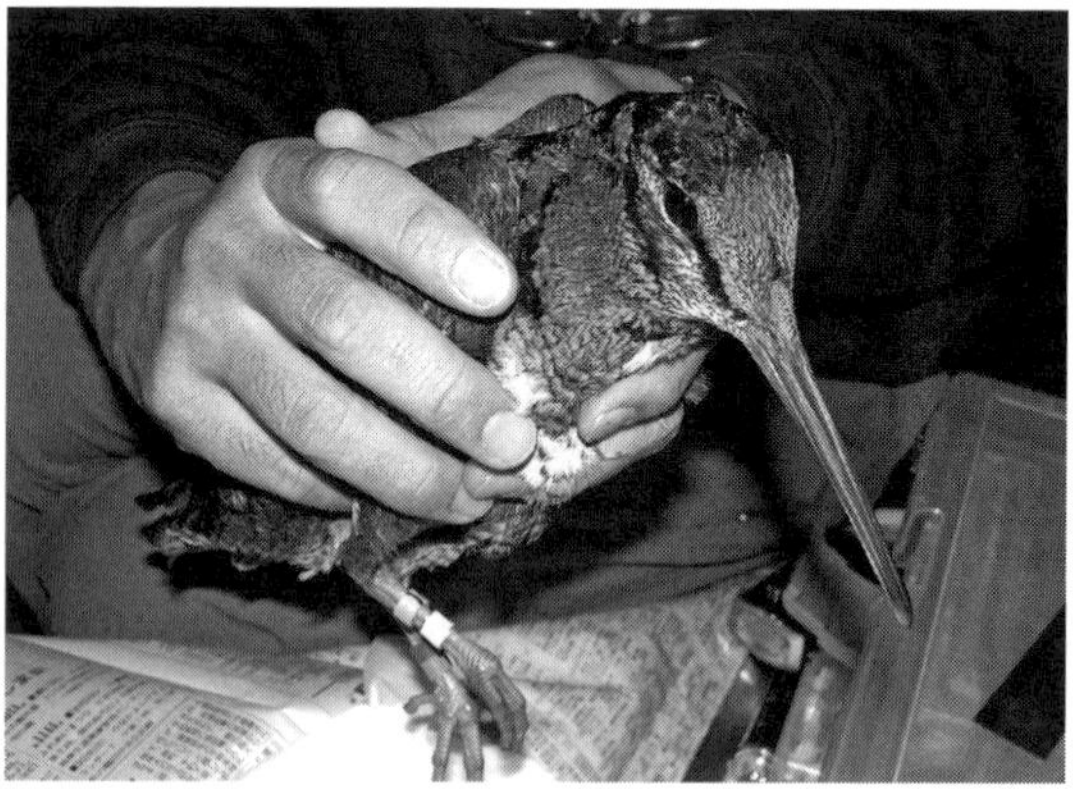

15-2 標識をつけたアマミヤマシギ。右足に金属足環とプラスチック製のカラーリングを1つずつ、左足にカラーリングを2つつける。色足環の色の組み合わせで個体識別をする。暗くても視認しやすいよう、金属足環に反射テープを巻きつけている

で見つかったら、その個体が生きていた期間の長さや移動した距離がわかります。

しかし調べてみると、足環つきの個体が再発見される割合は案外低く、704羽のうち446羽（約63パーセント）は二度と見られませんでした（とはいえ、この発見の割合は金属足環だけを使う場合に比べるとずいぶん高い値です）。また、再確認された258羽の中で2回以上観察されたのは66羽だけでした。再確認までの期間も短く、3年を超えた個体は14羽（再確認個体の約5パーセント）に過ぎませんでした。最も長かった期間は7年強で、アマミヤマシギが少なくともそれくらいは生きるということがわかりました（実際にはもっと長く生きているはずです）。再確認までの期間は、平均すると成鳥のほうが幼鳥よりも長い傾向にありました。おそらく幼鳥は成鳥よりも死にやすいのでしょう。しかしそれ以外に、幼鳥はどこか遠くに行ってしまうため見つかりにくいという可能性もあります。そこで、標識から再確認までの移動距離を調べてみました。標識と再確認の両方の地点がわかっているのは119羽で、移動距離は平均で548メートルでした。確認された最も長い移動距離は3112メートルでしたが、100羽（約84パーセント）は1000メートル未満

Torikai H, Kawaguchi H & Mizuta T (2025) Survival and movement of the endangered Amami Woodcock *Scolopax mira* revealed through banding on Amami-Oshima Island. Ornithol Sci 24(1): in press.

でした。では幼鳥と成鳥の移動距離はどちらが長いかというと、これは幼鳥のほうが長いことがわかりました。先に述べたように成鳥のほうが長い時間が経ってから見つかるのは、幼鳥は死にやすいだけでなく遠くまで移動するためなのかもしれません。

林道上でよく見かけるため、この鳥は道路を好むのだろうと思われていましたが、個体ごとにみると、それほど頻繁に道路に出てきているわけでもなさそうだということが、今回の標識調査で示されました。また、幼鳥のほうが成鳥よりも遠くまで移動するという傾向はあったものの、その距離は思いのほか短く、アマミヤマシギはある場所に居ついたらそこから大きくは離れない、つまり場所への固執性が強い鳥であるということが示唆されました。しかし一方で、この鳥の一部の個体は海を越えて沖縄島まで渡ることがわかっています（27ページ参照）。一年中同じ場所に定着している個体もいれば、不器用ながら沖縄島まで渡る個体もいる。アマミヤマシギは奇妙な鳥であるという印象はますます強くなりました。

今回の調査地は、いずれも常緑広葉樹の森の中を通る林道でした。こういうところに定着しているということは、アマミヤマシギにとって常緑広葉樹林が大切な生息場所であることを示しています。外来種対策はもちろんのこと、常緑広葉樹林をきちんと守っていくことが、この鳥の保全のために重要だといえるでしょう。間が抜けているだの不器用だのと書きましたが、アマミヤマシギも一生懸命生きているということが、調査しているとよくわかります。この鳥がいつまでも安心して暮らしていけるよう、これからも調査と保全活動を続けていきたいと思います。

（水田拓）

episode 16

絶滅の可能性を評価する

標識調査を行うことによって、鳥の年齢に関するさまざまな情報が得られます。たとえば、鳥がどれくらいの年齢まで生きているかを知ることはそれだけでたいへん興味深い話題です。コアホウドリが70歳を超えてまだ繁殖地に戻ってきていることや、体の小さなアオジでも14年以上生きた個体がいること（78ページ参照）などを聞くと、鳥たちの秘められた能力に感嘆します。そのような話題はトリビアとしてとても面白いものですが、しかし鳥の年齢に関するさまざまな情報は、単なるトリビアにとどまらず、鳥を保全する上で役に立つことがあります。

絶滅の危機に瀕している生き物、いわゆる「絶滅危惧種」を掲載したリストのことを「レッドリスト」といいます。日本国内の生き物については環境省レッドリストが作成されていますし、国際的にはIUCN（国際自然保護連合）レッドリストが有名です〈16－1〉。これらのレッドリストにおいて、ある生き物が絶滅危惧種であるかどうかを決めたり、絶滅の危険性がどれくらい高いのかを評価したりするには、その種の個体数や生息域の面積、そしてそれらの増減の傾向といったデータに基づいて検討する必要があります。さらに、絶滅の危険性を数値として計算する「定量的解析（数量解析）」を実施することも、評価の方法としてあげられています。

その解析の一つとしてPVA（個体群存続可能性分析：Population Viability Analysisの略）があります。難しい名前ですが、その難しい名前が表すとおり、ある生き物の個体群が今後どれくらい存続できるのか、その可能性を数値で示す分析です。この分析を行う際に、対象種の年齢に関する情報、たとえば繁殖を開始する年齢

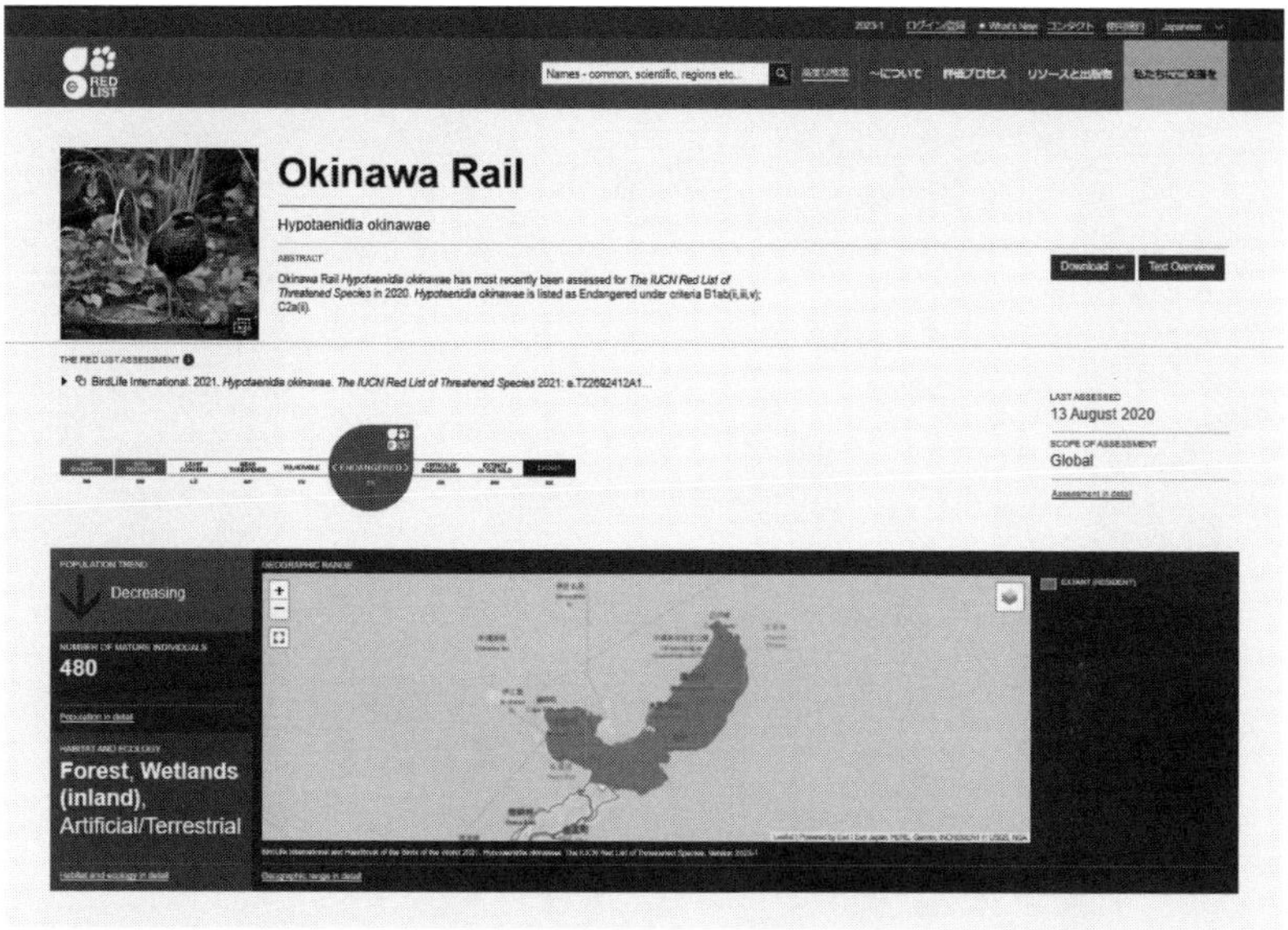

16-1 IUCNレッドリストのヤンバルクイナのページ。絶滅危惧カテゴリーや分布域、個体群の状況などが詳しく説明されている

や最長の生存年数、年間の生存率などといった数値が必要になります。対象種が鳥であれば、これらの情報は標識調査を実施することで得られます。もちろん標識調査されている種ではすべてのデータが必ずそろっている、というわけではありません。それでも、標識調査で確実にわかっている数値を活用することで、より精度の高い分析を行うことは可能になります。

PVAにおいて、年齢に関する情報以外に必要なデータとしては、一年間に繁殖をする回数や一回の繁殖で産む子の数、その種の現在の個体数、さらには個体群への脅威となっている要因やその要因が生じる頻度などがあり、それらのパラメーターを組み合わせて推定することで、個体群が何年後に何パーセントくらいの確率で存続しているかを知ることができます。あるいは、個体群を存続させるために優先して対処すべきことは何かについても、PVAは示唆を与えてくれます。

16-2　2006年1月に沖縄県国頭村安田で開催された「ヤンバルクイナ個体群存続可能性分析に関する国際ワークショップ」の様子。専門家が関係者にPVAの説明をしている

日本の鳥類では、人為的に繁殖させた個体を野外に再導入したトキ（永田・山岸 2011）やコウノトリ（高須・大迫 2012）などでＰＶＡが実施されています。いずれの分析においても、年齢に関するパラメーターとして、野外に放鳥した際の標識に基づくデータが用いられています。再導入した鳥は標識が施されているため、このようなデータが得やすく、それを用いてＰＶＡを行うことは、再導入個体群の動態を予測する上で、もはや欠くことのできない作業であるといえます。

ＰＶＡは、ＩＵＣＮのなかの一組織である野生生物保全計画専門家グループ（ＣＰＳＧ：Conservation Planning Specialist Group）によって、世界各地の絶滅危惧種の保全計画を立てる際にも用いられています。日本では、沖縄のヤンバルクイナや小笠原のアカガシラカラスバトについて、ＣＰＳＧのメンバーが実際に現地に来て、研究者や地元住民などとアカガシラカラスバトPHVA実行委員会（2008）『アカガシラカラスバト保全計画作り国際ワークショップ最終報告書』アカガシラカラスバトPHVA実行委員会.
永田尚志・山岸哲（2011）新潟県佐渡島におけるトキの再導入個体群の存続可能性. 野生復帰 1: 55–61.
高須夫悟・大迫義人（2012）日本におけるコウノトリの再導入個体群の存続可能性分析. 野生復帰 2: 37–42.
ヤンバルクイナPVA実行委員会（2006）『ヤンバルクイナ個体群存続可能性分析に関する国際ワークショップ報告書』ヤンバルクイナPVA実行委員会.

協働でワークショップを開催し、ＰＶＡが実施されました（ヤンバルクイナＰＶＡ実行委員会2006、アカガシラカラスバトＰＨＶＡ実行委員会2008）。

２００６年に実施された「ヤンバルクイナ個体群存続可能性分析に関する国際ワークショップ」（16-2）では、衝撃的な結果が示されました。条件をさまざまに変えて５００通りのシミュレーションを行ったところ、ヤンバルクイナは最長でも18年以内に絶滅するとの推定が得られたのです。その主要な原因は、外来生物であるマングースによる捕食であると考えられました。幸い、分析から18年が経ったいまでもヤンバルクイナは絶滅していません。これは、ワークショップにおいて課題としてあげられたマングースの排除が進んだ結果であると考えられます。ＰＶＡでマングース対策が喫緊の課題であると根拠をもって示されたことが、ヤンバルクイナを絶滅から救ったといえるかもしれません。

標識調査で鳥の年齢を知るには長期にわたる調査の継続が必要ですが、最近はすぐに成果を出す研究が重視され、標識調査のように結果を得るのに時間がかかる研究は、ともすれば「成果が出ていない」と批判を受けることになりかねません。しかしここで示したように、長い目で見れば、標識調査のような地道な研究が絶滅危惧種の保全に貢献することもあるのです。

（水田拓）

Column

皇居の鳥たち

皇居は東京都心部に位置する代表的な緑地で、江戸時代より植栽されてきた庭園に加えて、自生した広葉樹林《こうようじゅりん》も見られます。皇居では、山階鳥類研究所を中心として1965年から継続して鳥類相調査が行われてきました。現在の皇居の鳥類相調査では、月に一度、午前9時から約4キロメートルを3時間ほどかけて一定の速度で歩き、目視及び鳴き声で確認された種をすべて記録しています（センサス調査といいます）。これらの結果は1996年以降、4～5年ごとに報告書にまとめられてきました。最新の2017年6月～2023年3月のまとめによると、この調査期間中に70種の鳥が2万1796羽記録されました。

一方、目視や鳴き声だけでは、生息する鳥を十分確認できないことがあります。薮に隠れている鳥やあまり鳴かない鳥は見過ごされがちです。そこで、2009年からは年に2回だけですが、かすみ網を用いた標識調査も実施され、2022年までに715羽が捕獲されました。標識調査によって、センサス調査では記録がなかったトラツグミ、マミチャジナイが新たに記録されました。また、センサス調査では確認個体数が少なかったクロツグミ、オオルリ、マヒワ（1羽ずつ）、サンコウチョウ（3羽）も、標識調査で捕獲されていることから、潜在的にはもっとたくさん生息しているのかもしれません。

当然のことですがセンサス調査で記録が多い

鳥は多く捕獲されます。表をみると多く捕獲された順に2～8番目まではセンサス調査でも多く確認されています。ところが、標識調査でいちばん多いキビタキは、センサス調査で確認された個体数の順では70種中の27番に過ぎません。キビタキは5月に少し（5羽）、10月に集中して（160羽）捕獲されました。つまり、秋の渡り時期に集中的に皇居を通過していきます。キビタキ以外の種でも共通ですが、10月に捕獲される鳥は約90パーセントがその年生まれです。キビタキの幼鳥は大きな声で鳴いたりしないため、センサス調査では確認されにくいのでしょう。この結果は、キビタキが大都市内の緑地公園で広く集中的に渡っている可能性を示しています。

表をみるとスズメはセンサス調査で多く確認されているにもかかわらず、あまり捕獲されていません。これは、スズメが比較的開けた環境を好むのに対して、標識調査は藪の深いところで行われたことによります（写真参照）。逆にカワセミが

種名	標識調査結果		センサス調査結果	
	個体数	ランク	個体数	ランク
キビタキ	165	1	68	27
シジュウカラ	151	2	1,659	4
メジロ	91	3	2,600	3
ヤマガラ	67	4	697	7
エナガ	51	5	762	6
ヒヨドリ	30	6	6,594	1
コゲラ	28	7	438	11
ウグイス	28	8	491	9
カワセミ	22	9	103	20
アオジ	13	10	482	10
....				
スズメ	6	14	1,039	5

2009～2022年に皇居の標識調査で捕獲された鳥。多く捕獲された順に10番目までとスズメの結果を示した。センサス調査結果は2017年6月～2023年3月のデータであることに注意。ランクは多く捕獲された、あるいは確認された順位を示す

多く捕獲されたのは、この種を狙って水辺に張ったかすみ網があったからでした。

このように標識調査では、センサス調査ではわからない点を補うことができる一方で、どのような条件で実施されたのかという点には注意を払う必要があります。

なお、捕獲された鳥はすべて足環により標識されていますが、回収記録はとても少なく、2009年以降では2011年に捕獲されたカワセミがおよそ半年後に4キロメートル先の公園で保護されたものがあるだけです（のちに死亡）。再捕獲までの最長期間記録としては、皇居で5月に捕獲され、3年後の5月に再捕獲されたコゲラとヤマガラが1羽ずついました。これらの個体は皇居内かその周辺で繰り返し繁殖していたのでしょう。

（浅井芝樹）

皇居の標識調査で設置されたかすみ網の一つ。人工的に作られた小川に沿って設置された。周辺に高木があって薄暗い環境であることがわかる。このような環境では、水浴びに訪れた小鳥類が多く捕獲される

3章 鳥たちにせまる危機

いま、人間活動の影響で生物の大量絶滅が進行しているといわれています。鳥たちも例外ではありません。

環境破壊、気候変動、人間による乱獲《らんかく》、外来生物の増加。鳥たちにもさまざまな危機がせまっています。

しかし、実際に鳥たちの数が減っていることを把握するのは容易ではありません。鳥類標識調査を地道に継続することで個体数の変化が初めて明らかになるのです。

調査によって明らかになった鳥たちの個体数の変化とそんな鳥たちを守るための試みを紹介します。

episode 17

激減するカシラダカに何が起きている？

新潟市にある福島潟鳥類観測1級ステーションは、調査と宿泊が可能な施設として1972年に環境庁によって全国に先駆けて建設されました。以来50年間、山階鳥類研究所では、主に福島潟のアシ原に生息する鳥類を捕獲し、標識をつけてきました。累計の放鳥数は28万4000羽（150種）で、他地域との移動回収（標識した場所とは別の場所で再捕獲されること）は1000例あまり得られています。

調査の規模がある程度整った1978年以降の、10～11月の年ごとの放鳥数の推移をみると、1979～1981年は1万羽を超えていましたが（82年は施設建て替えのため休止）、次第に減少し、1990年以降は例年4000羽前後となっています（17-1）。

なぜそのような減少傾向があるのかを探るには、捕獲した鳥種の構成をみる必要があります。福島潟の放鳥数の特徴は、ホオジロ属のカシラダカ、アオジ、オオジュリンの3種がその大部分（平均で約73パーセント）を占めていることです。種類数は平均45（最小30～最大60）種ですから、いかにこの3種が優占しているかがわかります。そして、なかでも際立って多かったカシラダカが急激に減少していることが、全体数の減少の主な原因でした。具体的な数でみると、カシラダカが最も多く捕獲されたのは1981年の10月27日で、1日の捕獲数は970羽でした。ちなみにその日の全捕獲数は1347羽でした。ところが最近の2021年に最も捕獲されたのは10月30日でしたが、なんと20羽（その日の全放鳥数は120羽）、年間合計でも114羽のみでした。

これを全国でみるとどうでしょうか？　カシラダカ、アオジ、オオジュリンの3種は、

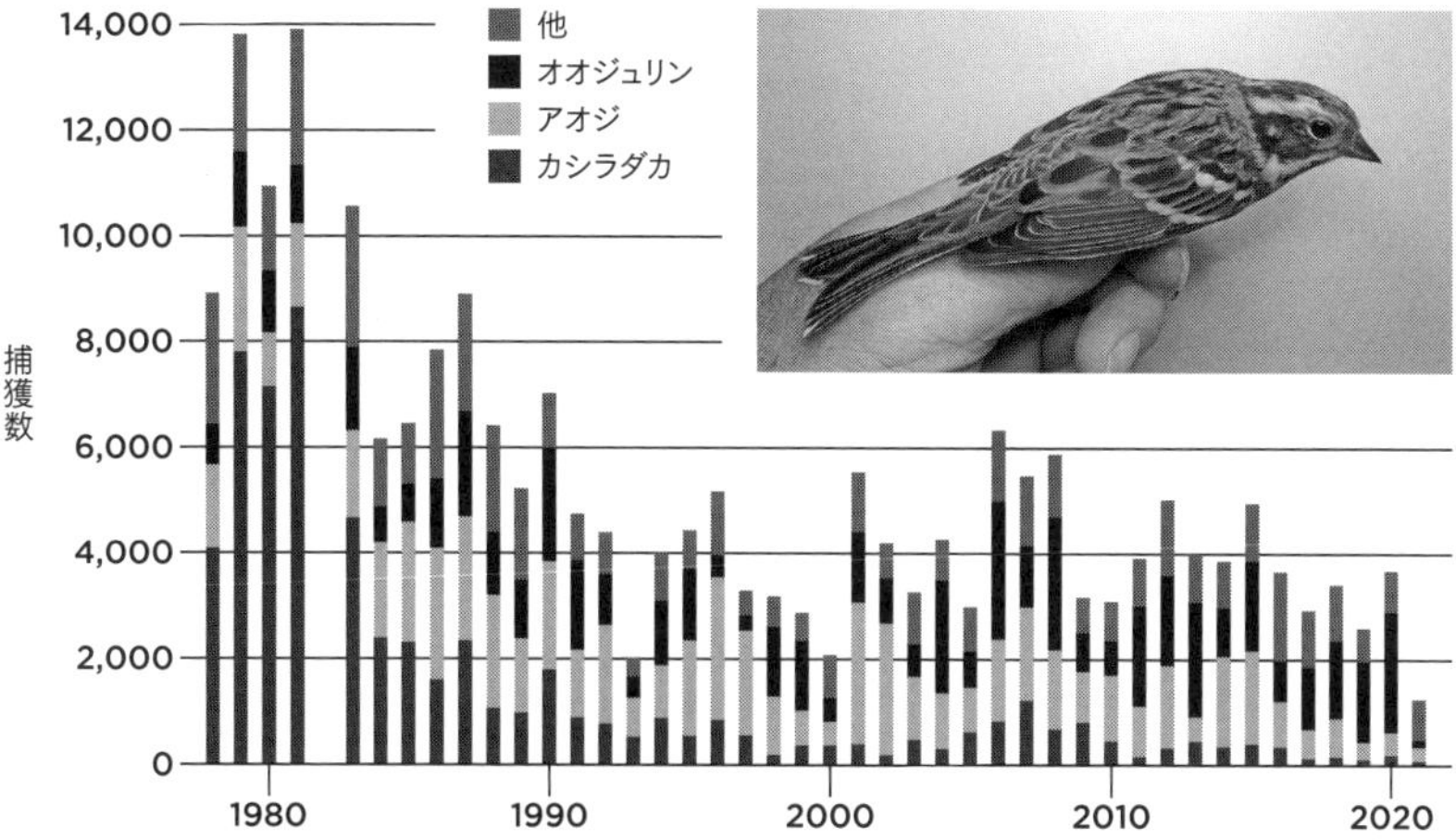

17-1 福島潟ステーションの捕獲数推移（10-11月のみ、1982年は休止）。写真はカシラダカ

日本で最も普通に捕獲されてきました。たとえば、1980年には、全国の捕獲総数約6万7000羽の44パーセントをこの3種が占めており、カシラダカは約1万8000羽（27パーセント）で最多でした。ところが、2017年には捕獲総数は約13万羽と増加しましたが、カシラダカは約4000羽（3パーセント）と激減しています。同期間アオジが約7700羽（11パーセント）から約3万1000羽（24パーセント）、オオジュリンが約3200羽（5パーセント）から約1万2000羽（9パーセント）と増えているのと比較すると、カシラダカの減少傾向が著しいことがわかります（山階鳥類研究所 2019）。

このカシラダカの急激な減少の理由は、長年謎でした。それが日本だけでないことを私が認識したのは、ノルウェーからの報告でした（Dale & Hansen 2013）。それによると2008〜2012年の間に82パーセントもの減少が記録されています。そして、決定的となったのは、2015年秋、スウェーデンからカシラダカの減少に関心のある研究者（Lars Edenius氏）が、福島潟ステーションを訪れ、共同研究を実施しながら情報交換を行ったときです。彼の集めたスウェーデンやフィンランドの長期的なカシラダカの個体数減少の傾向は、私たち

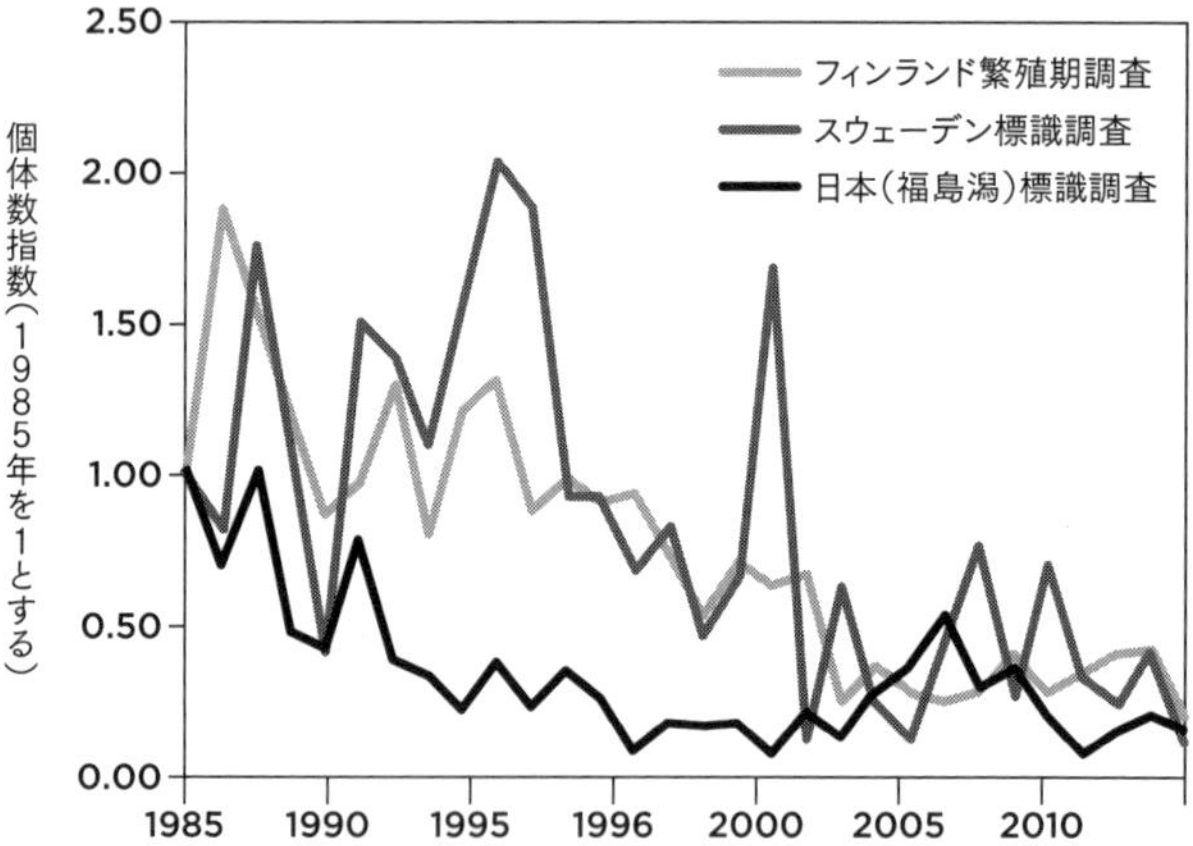

17-2 カシラダカのヨーロッパと日本（福島潟）での減少。各国初年を1とする指数で示す　Edenius et al. 2016を改変

が日本で標識調査によって収集したデータとたいへん似通っていました〈17-2〉。そして分析をすると北欧と東アジアの双方で、カシラダカの個体数がこの30年間に75~87パーセントも減少しているという驚きの結果が得られました。これは翌年に論文で発表され（Edenius et al. 2016）、それを受けてカシラダカは、ＩＵＣＮのレッドリストのカテゴリーが「危急（ＶＵ）」にランクアップされることになりました。

それではカシラダカはなぜ減少しているのでしょうか？ 渡り鳥の数の変動の原因を探るには、繁殖地と越冬地、それをつなぐ渡りの中継地を含む全体に目をむける必要があります。ノルウェーでは繁殖環境の大きな変化は認められていないので、個体数の減少は渡り中か越冬地に原因があるのではと推測されています。日本のカシラダカの主要な繁殖地と考えられるカムチャツカ半島の研究者に尋ねても、カシラダカの繁殖域は広範囲で大きな環境変化は認められないとのことでした。一方で、森林の伐採や火災などで繁殖適地が減少している事実はあり、気候変動による環境変化、越冬地での生息域の減少や農薬の影響なども疑われています。

もう一つ重大な要因は捕獲圧です。カシラダカと同様にアジアからスカンジナビアまで広範囲で繁殖していたシマアオジは、分布域のすべてで減少し、２０１３年にＩＵＣＮレッドリストのカテゴリーが「危機（ＥＮ）」となりました。シマアオジは日本

Chan S (2004) Yellow-breasted Bunting *Emberiza aureola*. Birding ASIA 1: 16–17.
Dale S & Hansen K (2013) Population decline in the Rustic Bunting *Emberiza rustica* in Norway. Ornis Fennica 90: 193–202.
Edenius L et al. (2017) The next common and widespread bunting to go? Global population decline in the Rustic Bunting *Emberiza rustica*. Bird Conserv Int 27: 35–44.
Kamp J et al. (2015) Global population collapse in a superabundant migratory bird and illegal trapping in China. Conserv Biol 29: 1684–1694.
山階鳥類研究所（2019）『2017年鳥類標識調査報告書』環境省自然環境局 生物多様性センター, 富士吉田.

でもかつては北海道の各地で繁殖していましたが、１９８０年代から年々繁殖地が減り、ついに1か所のみとなりました。繁殖個体もごく少数となったことから、２０１７年には種の保存法により国内希少野生動植物種に指定されました。これら両種に共通しているのは、渡りの途中で大量捕獲が長い間行われていたことで、減少の大きな要因と考えられています(Kamp et al. 2015)。シマアオジはかつて中国南部で「米鳥」と呼ばれ、稲の害鳥として大量に捕獲されて食用となっていました。たとえば広東省三水《さんすい》区では１９９２年10月、シマアオジを「空飛ぶ朝鮮人参」と称して食べる祭りが開催され、10万人が集まったとあります。幸いこの祭りは１９９７年に終わり、シマアオジは２０００年に中国の保護鳥になりました(Chan 2004)。しかしながら、小鳥類の密猟はまだ一部では継続されているらしく、２０１８年の９月にも天津《てんしん》で12万羽以上の大規模な小鳥の密猟が摘発された、というウェブニュースがありました。カシラダカもシマアオジと同様に群れをつくる習性があるため、こうした捕獲対象となっている可能性はあります。

　このように、カシラダカの減少が何に起因しているのか、まだ明確なことはわかりません。右記の要因が複数かかわっているのかもしれません。解明には関係各国の研究者が、さまざまな観点からの研究を進めなければならないでしょう。普通種であった鳥が急速に絶滅の危機に追いやられている実例を、私たちはシマアオジでみてきました。同様のことがカシラダカで起こることがないように、注意深く監視を続けるためにも、鳥類観測ステーションでの継続調査が求められています。

（尾崎清明）

episode 18

スズメの数が減っている

「スズメが一昔前より激減した」という話を耳にしたことはあるでしょうか。じつはこのことが判明したのは、ここ十数年ほど。けっこう最近の話です。スズメが減っていることはさまざまなデータを検証することで明らかになりました。たとえば農業被害関係のデータである有害鳥獣駆除におけるスズメの駆除個体数の推移や、親鳥が連れている巣立ち雛数の観察データなど。その一つとして大きな成果が得られたのが、標識調査のデータを活用したスズメの個体数の研究です。20年ほどの間に推定で約4割まで個体数が減っていることが明らかになりました。

スズメの減少の把握は、スズメ研究の第一人者である三上修さん（北海道教育大学教授）が主導した研究の成果です。三上さんは立教大学動物生態学研究室での研究員時代にこの研究を始めました。同じ研究室の研究員だった私を誘ってくれ、スズメ研究チームとして、長年いっしょに研究を進めてきたのです。

いまでこそ「スズメが減っている」という話をすれば、疑わずに信じてくれる人も増えました。しかし、当時は必ずしもいまのような反応ではありませんでした。「うちの近所にはいっぱいいる」「本当に減っているのか疑わしい」。このような反応が返ってくることも多かったのです。

「個体数の減少」を証明するためには、「過去の個体数のデータ」と「現在の個体数のデータ」を比べて、減っていることを明らかにすればよいわけです。やることは簡単だと思うかもしれません。たとえば我々日本人の人口の増減を調べたければ、定期的に行われている国勢調査による国民の人数のデータを使えば、人口が年々どう変化しているのかを調べることができます。しかし、対象が野生動物となると、そう簡単ではないのです。

スズメはいま現在も誰もが日々目にする身近な野鳥です。スズメの場合は、「毎日チュンチュン鳴いているが、そういえば前はもっとたくさんいたような気がする……。だけど毎日見かけるし、変わってないような気もする……」というのが実際の感覚でしょう。一方、絶滅危惧種の鳥ならば、減少していることは明らかです。「トキやコウノトリは昔、日本全国にいたのに、いまは全く目にする機会がない」のですから、個体数が減ったことは疑う余地がありません。このように、スズメのような全国どこにでもいる普通種の増減というのは、じつはわかりにくいのです。

さらに、スズメならではの大きな問題もありました。昔の個体数についてのデータをあたろうにも、有用な資料がなかったのです。野鳥の調査は自然環境豊かな場所で行われることがほとんどです。たとえば、約20年ごとに日本の繁殖鳥を全国各地で調べる調査が、国の主導で定期的に行われてきました。その資料をあたれば、大半の鳥種の増減の概要はつかめます。そしてその調査地点は自然豊かな森林や草原、水辺などです。しかし、スズメはこの資料にあまり登場しないのです。なぜかというとスズメが主に都市部にすむ鳥だからです。一部の研究者などが特定の地域で実施した例はあっても、定期的に全国レベルの住宅街の鳥の調査を実施したというものはありません。ある地域では減っていても別の地域では増えているかもしれません。全体像として、全国レベルで果たして減っているのか減っていないのか、証明したくても過去の

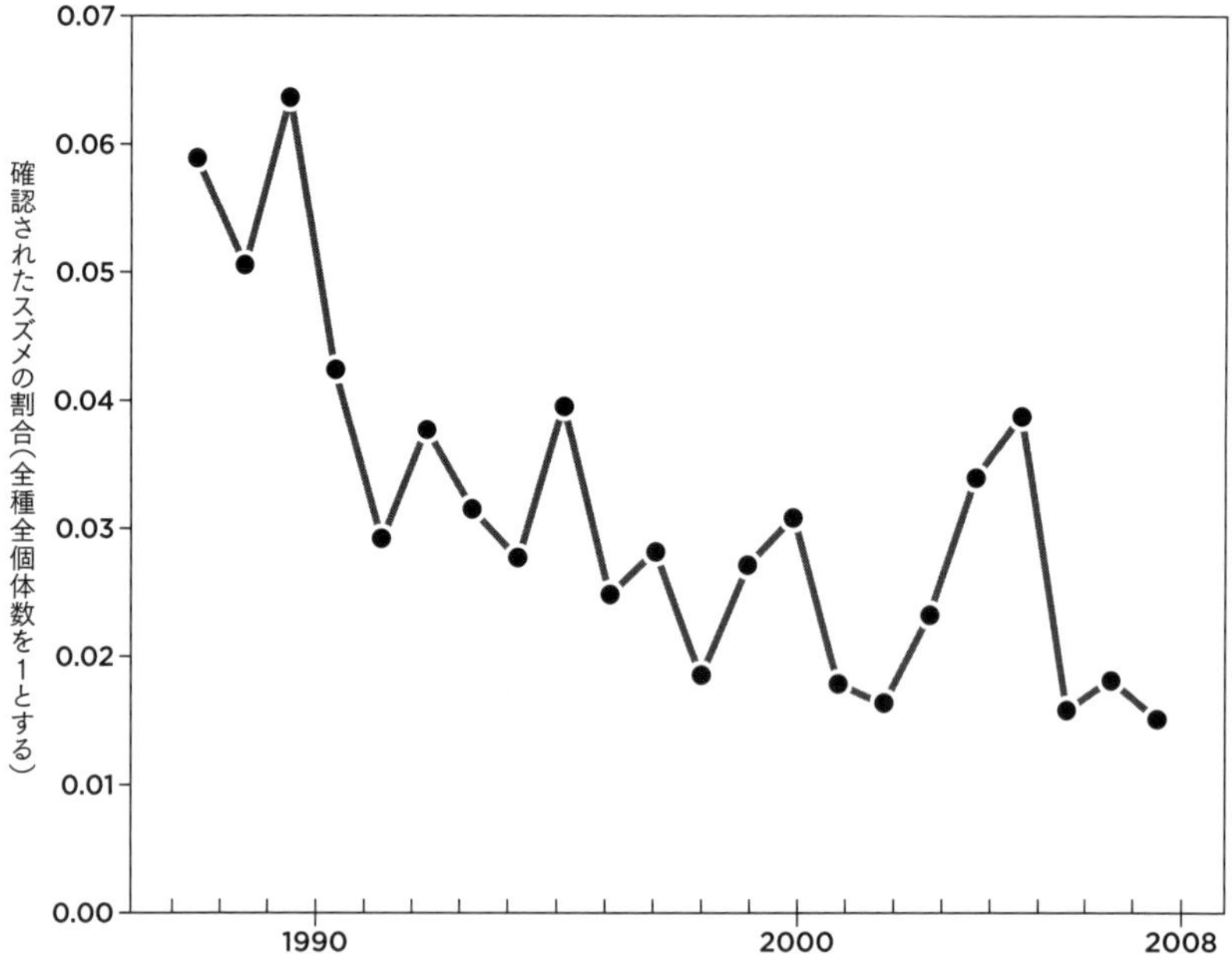

18-1 標識調査により明らかになった約20年間におけるスズメの減少。鳥類観測ステーションで捕獲された鳥類全種の個体数に占めるスズメの標識個体数の割合は、年を追うごとに少なくなっていることがわかる

三上修・森本元（2011）標識データに見られるスズメの減少．
山階鳥類学雑誌43: 23–31.

データがないのがスズメ研究の問題点でした。

そうしたなかで、標識調査のデータはこれを解決できる貴重なデータだったのです。スズメは森林には生息しませんが、アシ原など草原性の環境では一定数が観察されます。標識調査では、設置したかすみ網でさまざまな種が同時に捕獲されますが、このなかにスズメも混じっています。ここ数十年、この調査によって捕獲・標識されている野鳥の数は、全種を合計すると年におよそ10万～15万羽です。このデータからスズメの標識数を調べてみると、20年の間にどんどん減っていることが明らかになったのです〈18-1〉。

標識調査では調査の重点地域を設けており、そこは「鳥類観測ステーション」と呼ばれています。このなかから、解析に適した条件（定期的に調査が継続されているなど）を満たした31地点の鳥類観測ステーションのデータを使って、この研究は行われました。これら31地点で、日本全国をかなりカバーできたのです。

鳥類標識調査は、日本の自然環境調査のなかで、最も古くて歴史のある調査です。2024年で100周年を迎えた日本の鳥類標識調査は、初期こそ調査地点は多くありませんでしたが、長い年月をかけて発展し、この数十年でいまのような広域の調査体制がつくられました。スズメの減少を明らかにした研究は、まさにその特性を活かしたものといえるでしょう。

（森本元）

episode 19

干潟の鳥シギ・チドリ類に未来はあるか？

干潟の鳥の代表格といえば、長い足と嘴が特徴的なシギ・チドリ類です。北半球から南半球にかけてとても長い渡りをするため、日本だけでなく全世界で渡りを調べるための標識調査が行われています。標識は金属足環に加え、観察による再確認が容易なように、プラスチック製のカラーフラッグが装着されます。このフラッグは国ごとに色の組み合わせと装着位置が定められており、フラッグつきのシギ・チドリ類の観察記録をまとめることで、驚くべき渡りルートが解明されてきました〈19-1〉。

地球規模の壮大な渡りをするシギ・チドリ類ですが、残念なことにこの半世紀で最も減少した種群となっています。日本におけるシギ・チドリ類の個体数は1970年代に比べ、2000年代では春期で約40パーセントの減少、秋期で約50パーセントの減少が報告されています（天野 2006）。2000年以降も減少傾向が止まりません。原因の一つが生息地である干潟の開発で、日本では1900年代半ばから2000年代初頭にかけて、内陸湿地の60パーセント、干潟の40パーセントが消失したことが明らかになっています。さらに、干潟とそこに生息するシギ・チドリ類の減少は日本だけでなく、世界規模で起こっています。中国、朝鮮半島に囲まれた黄海《こうかい》沿岸では、開発や埋め立てにより、この50年で干潟の最大65パーセントが消失したと推定されており、黄海を中継地とする種は、ほかの地域を中継して渡る種と比べ減少が著しいと指摘されているのです（Studds et al. 2017）。

日本では、シギ・チドリ類のなかで最も越冬数が多いハマシギを指標として保全を進めていこうという動きがあります。日本で越冬するハマシギは、日米共同で行われ

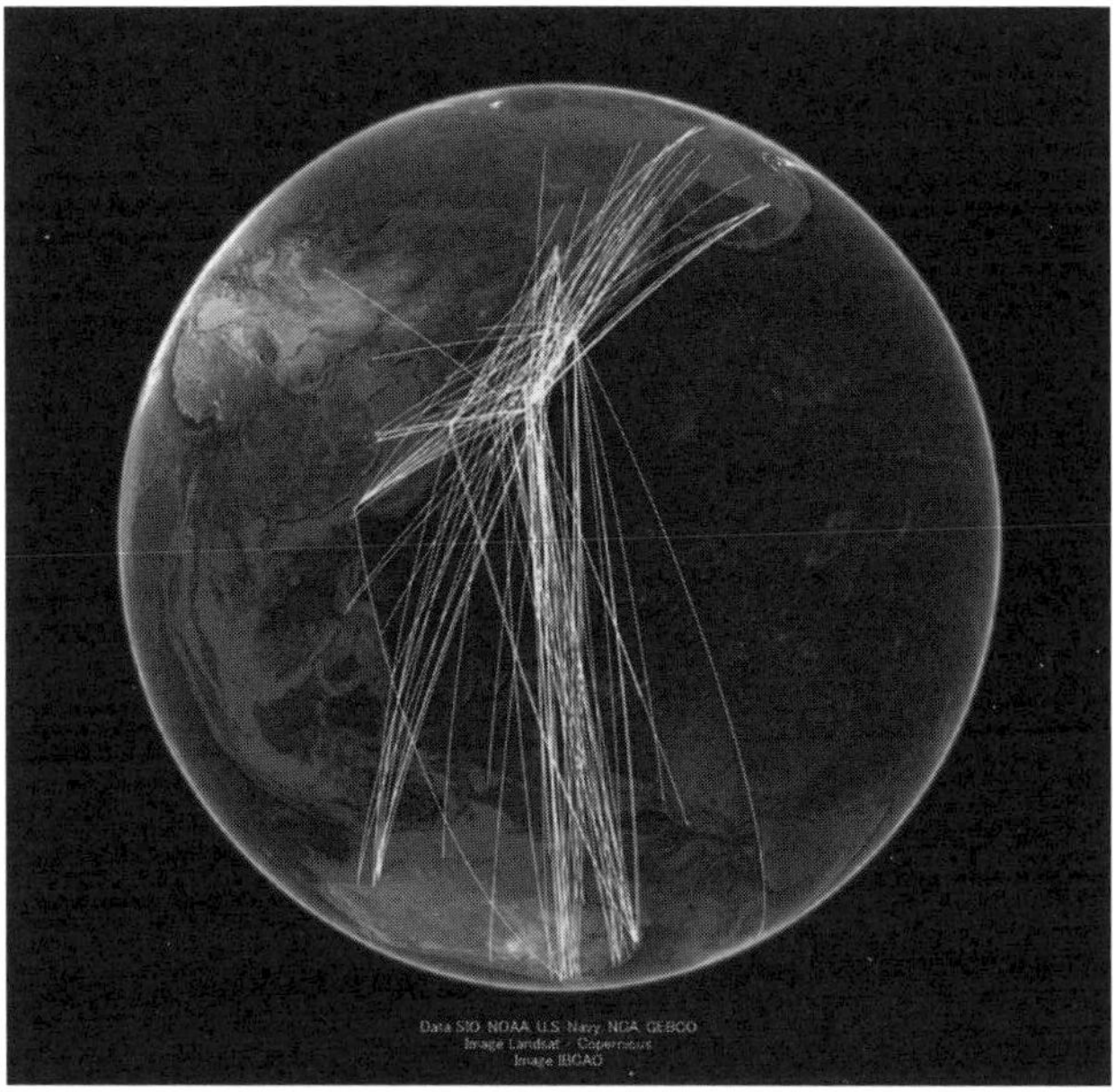

19-1 日本におけるシギ・チドリ類23種の回収記録（1961～2022年のデータ。環境省「鳥類アトラスWEB版」より）。海外放鳥国内回収、国内放鳥海外回収を含む

た標識調査の結果、アラスカで繁殖する亜種キタアラスカハマシギ *Calidris alpina arcticola* であることが明らかになっています（56ページ参照）。しかし、残念ながら日本のハマシギも減少傾向にあります。さらには、アラスカの繁殖地での標識調査では、アメリカ大陸で越冬するハマシギの亜種 *C. a. pacifica*（アラスカ西部で繁殖し、北アメリカ西海岸で越冬）や亜種 *C. a. hudsonia*（カナダ東部で繁殖し、北アメリカ東海岸で越冬）などに比べ、日本をはじめとする東アジアで越冬する亜種キタアラスカハマシギの成鳥の帰還率（1年後に繁殖地に帰ってくる成鳥の割合）が低いことが明らかになったのです（Weiser et al. 2020）。繁殖地の環境は、生存率が高い他種と同様であり、大きな変化が見られないことから、減少の理由は繁殖地にあるのではなく、渡りルート上の中継地、もしくは越冬地にあると推定されています。日本では2000年代初頭以降、干潟の面積に大きな変化はありません。それでも越冬地の影響でハマシ

drives trends in Arctic-breeding shorebirds but knowledge gaps in other vital rates remain. Condor 122:3: duaa026.
天野一葉（2006）干潟を利用する渡り鳥の現状．地球環境11: 215–226.

ギが減少している可能性があるならば、何が原因なのでしょうか。

一つの可能性として、越冬地の生息地の質が低下していることが考えられます。越冬地では、干潟の開発に加え、餌生物の減少や休息場所の不足、人間活動による撹乱などが生息地の機能を低下させ、シギ・チドリ類の生存に影響することが明らかになっています。さらに、68か国、1500か所の自然保護区内とその周辺の水鳥の個体数データを用いて、自然保護区が指定される前後の個体数等を分析した研究では、自然保護区と生物多様性の保全効果に関しては、自然保護区の面積を増やすことだけでなく、質的な管理に関する目標を設定する必要があることが示されています（Wauchope et al. 2022）。つまり、シギ・チドリ類を保全するには、いまある干潟を守っていくことに加えて、生息地の質を高める取り組みが必要になってくるのです。干潟の環境変化の要因は、土砂の流出・供給の変化、栄養塩不足、底質の変化など場所によってさまざまなため、その地域に合った対策が必要です。干潟の漁業資源管理の一つの対策として、干潟を耕す「耕《こう》うん」が行われていることもあります。これは、干潟の底質が硬くなり、酸素の供給不足により有害な硫化水素が発生するのを防ぐためです。こういった手法も干潟の生物多様性、シギ・チドリ類の生息地としての質を高める可能性があります。また、海岸線がぎりぎりまで開発され、エコトーン（陸域と水域が連続的に推移ながら接している場所のこと）が極端に少なくなっていることにより、満潮時にシギ・チドリ類が安全に休息する場所が減少していることも、越冬地の質を低下させる要因として最近、注目されています。人や捕食者となる哺乳類がア

Duan H, Xia S & Yu X (2023) Conservation and restoration efforts have promoted increases in shorebird populations and the area and quality of their habitat in the Yellow River Delta, China. Int J Digital Earth 16:2: 4126–4140.
Li C et al. (2023) Shorebirds-driven trophic cascade helps restore coastal wetland multifunctionality. Nat Commun 14(1): 8076.
Studds CE et al. (2017) Rapid population decline in migratory shorebirds relying on Yellow Sea tidal mudflats as stopover sites. Nat Commun 8: 1–7.
Wauchope HS et al. (2022) Protected areas have a mixed impact on waterbirds, but anagement helps. Nature 605(7908): 103–107.
Weiser EL et al. (2020) Annual adult survival

19-2

フラッグを装着されたハマシギ。左足に「MMJ」と刻印されたフラッグ、右足に研究用のカラーリングが3つ装着されている。本個体はアラスカで2012年6月に標識され、2020年1月に熊本県荒尾干潟で確認された
（写真提供：中村さやか氏）

クセスできない、シギ・チドリ類の安全な休息場所を作る取り組みも、オーストラリアや韓国など諸外国に加え、日本（福岡県など）でも行われています。今後もこうした取り組みがさらに広がることが望まれます。

危急的な状況にある世界のシギ・チドリ類ですが、最近、明るい兆しも出てきました。中国・韓国では黄海沿岸の干潟の一部が世界自然遺産に登録されるなど、生息地の保全が進んできました。その結果、中国でのシギ・チドリ類の減少速度が低下し、2012年以降、わずかながら回復傾向にあることが明らかになりました（Duan et al. 2023）。さらに、塩性湿地を回復させるには、シギ・チドリ類の強い捕食圧が重要という研究結果も出ており、シギ・チドリ類が干潟生態系維持の重要な構成要素であることが科学的に証明されました（Li et al. 2023）。このままでは絶滅の縁に立たされるシギ・チドリ類ですが、どうすれば復活できるのか、その糸口は見つかりつつあります。

（澤祐介）

episode 20

温暖化で変わる？鳥たちの渡り

猛暑、異常気象、災害の激甚化《げきじんか》。気候変動の影響に関連する言葉をニュースでも見かける頻度が高くなってきました。気候変動は私たちの生活だけでなく、自然環境にも大きな影響を与えています。その身近な例として、桜の開花日の変化があげられます。1960年代の10年平均では東京の開花日は3月30日ごろだったのに対し、2000年代に入ってからの開花日は平均3月22日ごろと早まっていることが明らかになっています。では鳥たちには、気候変動、特に温暖化はどのような影響を与えるのでしょうか。

最もわかりやすい影響が、春に夏鳥が渡ってくるタイミングが早くなるというものです。春、暖かくなるのが早まれば、それだけ鳥も早く移動するようになるだろうということは想像に難くありません。標識調査のデータを用い、ツバメの渡りの時期がどのように変化しているかを全国規模で解析した研究では、春の渡り時期の渡来ピークが、1961～1971年の11年間の平均に比べ、40年後の2000～2010年の11年間の平均のほうが約半月ほど早くなっていることが明らかになりました〈20-1〉。さらには、ツバメの雛が生まれる時期も、気温が高いほど早い傾向がみられました。そのほか、キビタキやオオヨシキリ、コムクドリなどの渡り鳥でも同様に渡り時期が早くなる傾向がみられています。気候変動により桜の開花が早まっているように、これらの渡り鳥の食物となる昆虫の発生ピークも早まっており、それらが影響していることが考えられます。

一方、温暖化で気温が上がっても、渡りの時期が変わらない渡り鳥もいます。その

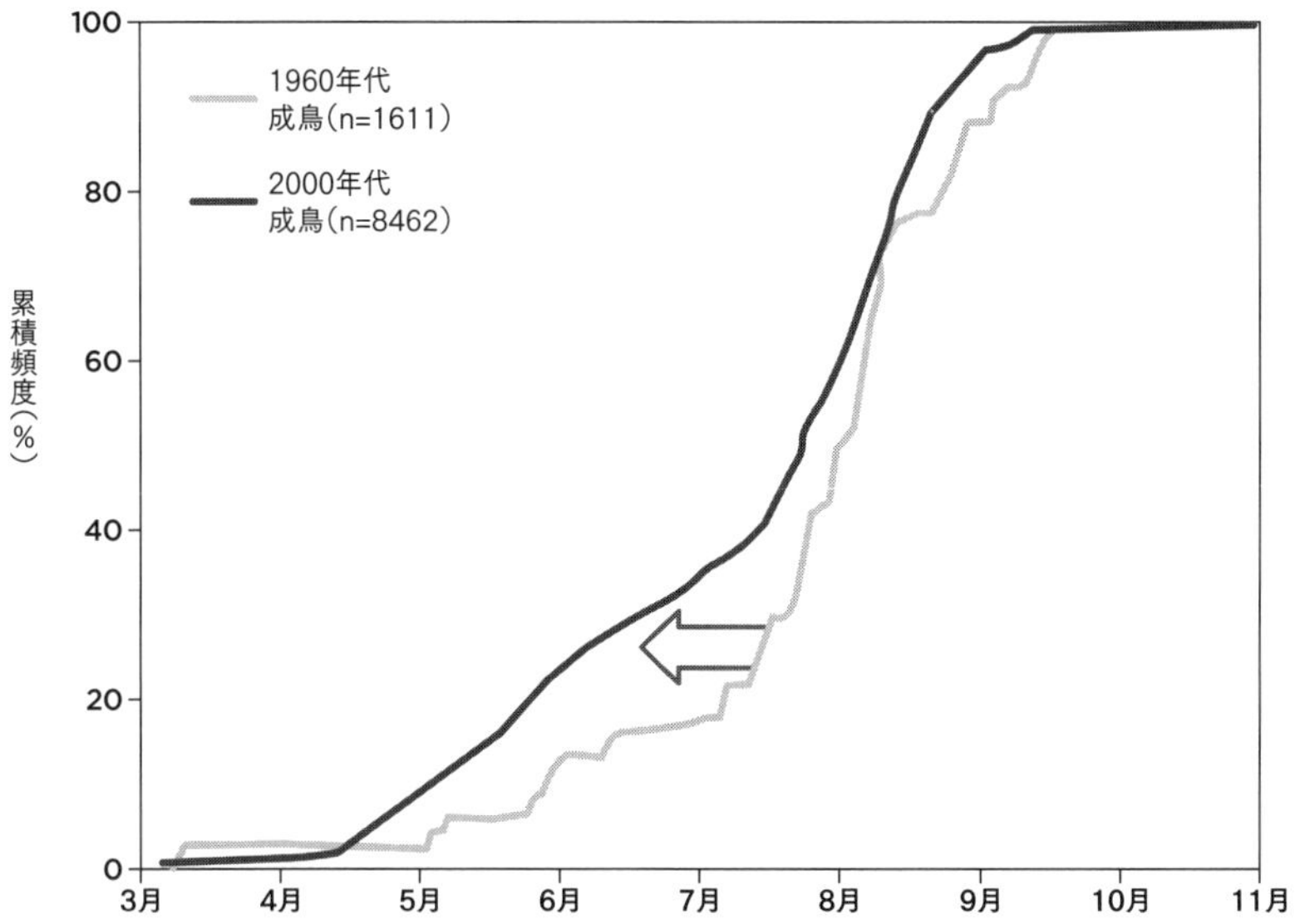

20-1 1960年代と2000年代のツバメ成鳥の捕獲総数をそれぞれ100としたときに、ツバメの成鳥がいつ捕獲されたかの累積頻度を日別に表した図。1960年代に比べ、2000年代のほうが、ツバメ成鳥の捕獲頻度の高まりが早い時期に移っている（＝多くの個体が早く渡ってきている）ことがわかる　出口ら2015を改変

ような鳥たちは温暖化の影響を受けていないといえるでしょうか？　じつは、渡りの開始時期を変えない鳥たちのなかには、繁殖期に子育てのための食物を十分に確保できなくなるといった影響があることが知られています。これは、温暖化により食物となる昆虫類の発生時期が早まったにもかかわらず、渡りの開始時期を変えないために発生する現象で、「フェノロジカルミスマッチ」と呼ばれています。オランダのマダラヒタキでは、食物となる昆虫の発生時期のピークが早い場所に生息する個体群でこのフェノロジカルミスマッチの影響が大きく、20年間で個体数が約90パーセントも減少していることが明らかになりました (Both et al. 2006)。逆に、昆虫の発生時期のピークが遅い場所では、渡り時期を早くせずとも子育ての時期に十分な食物を確保できており、個体数も10パーセント程度しか減っていませんでした。フェノロジカルミス

20-2

ロシア・レナデルタで撮影した繁殖期のサルハマシギ。北極圏のツンドラ地帯で繁殖する鳥類は特に温暖化の影響を受けやすいとされている（撮影：佐藤達夫氏）

Both C, Bouwhuis S, Lessells CM & Visser ME (2006) Climate change and population declines in a long-distance migratory bird. Nature 441: 81–83.
Kubelka V, Šálek M, Tomkovich P, Végvári Z, Freckleton RP & Székely T (2018) Global pattern of nest predation is disrupted by climate change in shorebirds. Science 362 (6415): 680–683.
Van Gils JA, Lisovski S, Lok T, Meissner W, Ozarowska A, de Fouw J, Rakhimberdiev E, Soloviev MY, Piersma T & Klaassen M (2016) Body shrinkage due to Arctic warming reduces red knot fitness in tropical wintering range. Science 352(6287): 819–821.
出口智広・吉安京子・尾崎清明・佐藤文男・茂田良光・米田重玄・仲村昇・富田直樹・千田万里子・広居忠量（2015）日本に飛来する夏鳥の渡りおよび繁殖時期の長期変化. 日本鳥学会誌64: 39–51.

マッチが発生する場所では、雛の生育にも影響が出てきます。北極圏で繁殖するコオバシギでは、フェノロジカルミスマッチの影響で食物が十分に摂取できず、生まれてくる幼鳥は嘴が短く、体も小型化していることが報告されています（Van Gils et al. 2016）。さらに、小型化し嘴が短くなることによって、遠く離れた熱帯地方の越冬地において干潟の中に生息する貝類などの食物の採餌効率を下げ、さらには生存率にも影響していることが明らかになっています。別の影響として、温暖化により、北極圏で繁殖するシギ・チドリ類の巣への捕食圧が上がっていることも報告されています（Kubelka et al. 2018）。これは、北極圏の食物網で重要な役割を果たすレミング（げっ歯類の仲間）の個体数が減少し、キツネなどの捕食者がレミングの代わりにシギ・チドリ類の巣を捕食するようになることのほか、温暖化による捕食者の分布拡大や密度の増加、天候がよい日が続くことによって捕食にかける時間が増えたりすることで捕食成功率が上がるなど、さまざまな要因が考えられています。

鳥を中心に話をしてきましたが、さまざまな生き物が複雑に影響しあうことで生態系は成り立っています。「風が吹けば桶屋が儲かる」ではないですが、温暖化によって生物の分布や発生時期の変化、個体の行動や体の大きさの変化などが引き起こされることで、思わぬ形で生態系全体に影響が及ぶ可能性があります。自然環境の変化は人間の生活にもかかわってきます。今後も温暖化やそれに伴う生き物の変化には注意を払う必要があります。

（澤祐介）

episode 21

トキの野外個体群を追う

日本の特別天然記念物であるトキは、およそ１５０年前までは全国に分布する普通種でした。ところが明治時代以降、乱獲などで個体数が激減し、１９３０年代には佐渡島《さどがしま》、能登半島《のとはんとう》、隠岐諸島《おきしょとう》で確認できるだけになってしまいました。その後も個体数は減り続け、ついに1981年、佐渡島に残された最後の5羽が捕獲され、日本の野生個体群は絶滅しました。日本のトキは飼育下で最後まで生き残った「キン」が２００３年に死んだことで絶滅してしまいましたが、中国では、１９８１年に再発見された個体群から人工繁殖に成功し、１９９０年代になってから個体数は増加に転じました。日本も中国から譲渡、貸与された個体から人工繁殖が進み、飼育個体数が増加しました。そして中国では２００４年、日本では佐渡で２００８年、韓国では２０１９年から飼育個体の野外放鳥が始まり、近年は野外個体数も増加傾向にあります。

野生動物の保全管理のように、長期的な未来予測に不確実性が伴う対象を扱う場合、継続的に現状把握をしながらそれまでの計画や活動を評価検証し、見直しながら管理する「順応的管理」が欠かせません。トキの野生復帰においては、日本では環境省が主体となり進められていますが、そこで重要になるのが、野外個体の現状を把握するためのモニタリングです。トキのモニタリングは、放鳥があった２００８年の秋から現在まで、トキのねぐら出の時間である夜明けごろからほぼ毎朝、環境省、新潟大学、地元の市民ボランティアなどが協力して実施しており、その記録がまとめられています。地道な調査により、個体群レベルから個体レベルまでの生存率や繁殖成功率が明らかになり、個体数の増減や繁殖成功率に作用する条件や、トキの生態、社会構造、餌資源の分布、生息や繁殖に好適な環境などさまざまなことが解明され、これまで、そしてこれからのトキの保全管理に役立っています。

野外トキのモニタリングにおいて特に重要なのは、個体を識別し、個体レベルでの追跡をすることです。現在、佐渡島に生息しているトキは、放鳥個体の全羽と野外で繁殖に成功し巣立った個体の一部に環境省の金属足環とプラスチック製のカラーリングが装着されており、それらの組み合わせのパターンなどから個体識別ができるようになっています〈21-1〉。また新たに放鳥される個体には、翼にアニマルマーカーを塗ることで、次の換羽期に羽根が抜け落ちるまでは飛翔中でも個体識別ができるようにしています。個体識別をすることで、どの個体が、いつ、どこで、何をしていたか、が明らかになります。そしてその情報から、年齢や性別、飼育履歴、過去の行動や繁殖結果などが個体レベルの生存率や繁殖成功率などにどのように影響するかが見えてきます。

たとえば、放鳥個体の野外での行動をモニタリングした結果、放鳥時の年齢が若い個体ほど放鳥後の生存率が高いことが明らかになりました。また、飼育施設で孵化した際、孵化後人工育雛されたか、あるいはいつから親鳥に育てられたかによって、放鳥後の繁殖行動に影響が出ることもわかりました（Okahisa et al. 2022）。ほかにも、2017年までの野外での繁殖率は、放鳥個体よりも野外生まれ個体のほうが高いという結果も出ています。これらの結果は、今後放鳥する個体を選別する際やトキの保全において何を重視するかを考える上で重要な情報であり、モニタリングがそれまで

21-1

放鳥後、野外の水田で採餌するトキのつがい。足環から#98オスと#156メスと確認できる（2015年佐渡島）

Okahisa Y, Kaneko Y, Nagata H & Ozaki K (2022) Effects of rearing methods on the reproduction of reintroduced Crested Ibis *Nipponia nippon* on Sado Island, Japan. Ornithol Sci 21:145–154.

の取り組みを評価し、今後の活動の指針を得るために機能した例であるともいえます。

ほかにも個体識別をしてモニタリングした結果、これまで知られていなかったトキの生態や分散、季節間での移動などが明らかになってきました。たとえば、トキはメスのほうが出生地から別の地域に分散する傾向があり、多くの個体は繁殖年齢に達すると、おおむね定まった地域に定着することがわかりました。また、野生のトキの寿命はこれまで知られていませんでしたが、２０２３年現在野外に生息し、標識されている個体約３５０羽のうち、半数以上は5歳以下、11歳以上の個体は全体の１割程度だということがわかっています。野外のトキの最高齢個体は２００６年生まれの２個体で、それぞれ２００８年と２００９年に放鳥された後も何度も野外で確認されており、２０２３年時点でも生存していることがわかっています。ちなみに飼育下の最高齢記録は、最後の日本産トキとなった「キン」で、２００３年に死亡したときはなんと36歳でした。

野生動物の積極的な保全管理において、詳細なモニタリングに基づいて取り組みが評価検証されている例は決して多くありません。トキの野生復帰への取り組みは、環境省が定める保全管理計画のもと、２００８年の放鳥以来、市民ボランティアを含む多くの熱心な調査員に依拠したモニタリングによって支えられてきました。標識による個体識別が可能にした詳細なモニタリングに基づくトキの野生復帰への取り組みは、他の希少種の再導入を伴った保全活動に限らず、多くの野生動物の保全管理においても重要なロールモデルとなっています。

（油田照秋）

episode 22

じつは2種だったアホウドリ

一般に、野生生物を保全するためには、保全する対象、つまり「保全の単位」を明確に設定する必要があります。多くの場合、その単位は「種」となるわけですが、絶滅の危機にある「種」の分類が見直されると、保全すべき単位が揺らいでしまうことになります。

分類の見直しは、たとえばこれまで外見が同じように見えるため一つの種として扱われてきた生物が、じつは異なる種だった、ということが判明したような場合に生じます。このような種のことを隠蔽種《いんぺいしゅ》といいますが（144ページ参照）、絶滅危惧種において隠蔽種が発見される例は多くありません。そんななか、鳥類では世界で初めて、北海道大学と山階鳥類研究所の研究チームが絶滅危惧種の隠蔽種を発見しました。対象は「アホウドリ」です。この発見により、「アホウドリ」の保全において注意すべき点が見えてきました。

アホウドリは、翼を広げると2メートルを超える大型の海鳥です。絶海の孤島で繁殖し、主な繁殖地は伊豆諸島鳥島《いずしょとうとりしま》と尖閣諸島《せんかくしょとう》の2か所とされています。19世紀末までは小笠原諸島や大東諸島《だいとうしょとう》など13か所以上の繁殖地があり、個体数も数百万羽いたと推定されています。しかし、明治時代以降、羽毛採取のために繁殖地で乱獲されたことにより個体数が急激に減少しました。1949年に絶滅したと考えられましたが、

22-1 鳥島で標識されたアホウドリの雛。右足に環境省の足環、左足にカラーリングがついている

22-2

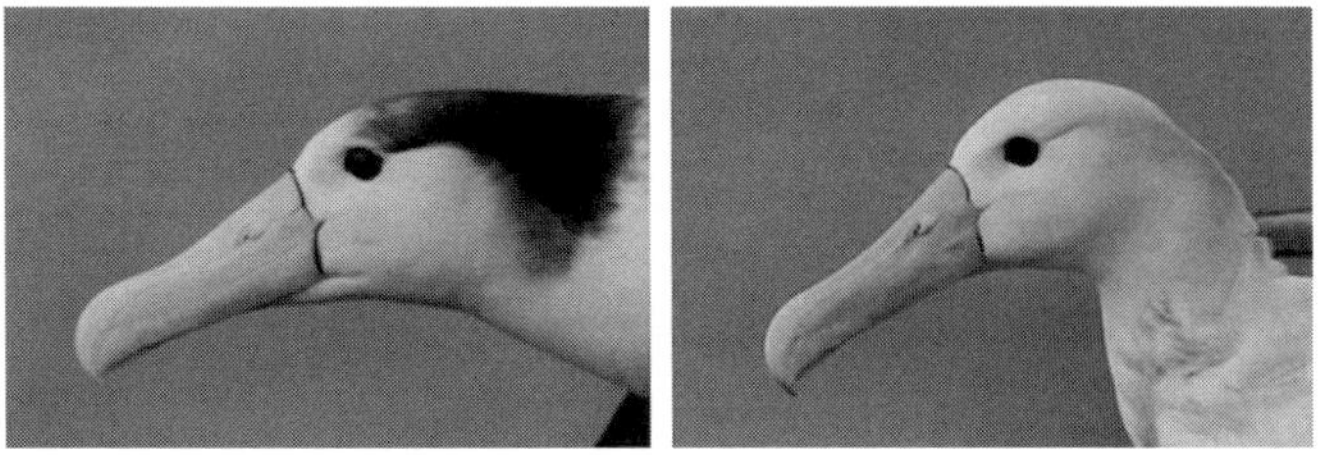

アホウドリの鳥島タイプのオス（左）と尖閣タイプのオス（右）。尖閣タイプの嘴は鳥島タイプに比べて細長い
（写真提供：今野怜氏）

１９５１年に鳥島で、１９７１年には尖閣諸島でそれぞれ再発見されました。現在、日本では特別天然記念物や国内希少野生動植物種に指定され（環境省レッドリストでは絶滅危惧Ⅱ類）、保全の対象になっています。

鳥島では１９７９年以降、ほぼすべてのアホウドリの雛に環境省の金属足環がつけられており（一部の雛はカラーリングもあわせてつけている）、これまでに1万羽以上の個体に標識されました〈22-1〉。ところが、１９９６年ごろから鳥島の新繁殖地・初寝崎《はつねざき》コロニーでの観察中に、足環のないアホウドリが確認されるようになり、個体数の増加とともに繁殖も確認されるようになりました。これらの足環のないアホウドリは何者なのでしょうか？ もう一つの繁殖地・尖閣諸島生まれのアホウドリには当然のことながら足環がついていません。そのため、これらの個体は尖閣諸島から飛来してきたと推定されました。

これまで暗黙のうちに1種とされてきた「アホウドリ」。しかし、遺跡出土資料の分析やミトコンドリアＤＮＡ分析などから、鳥島生まれの個体（鳥島タイプ）と尖閣諸島生まれの個体（尖閣タイプ）は別種に相当するほどの違いがあり、「アホウドリ」という鳥のなかに2種が含まれる可能性が考えられるようになりました。しかし、尖閣諸島への上陸は容易ではありません。そこで、別種かどうかを判断するために両タイプのアホウドリが繁殖する鳥島において、遺伝学的研究とあわせて行動学的・形態的研究が進められることになりました。

足環の有無を目印に、両タイプのアホウドリを区別して行った観察から、両タイプ

22-3

アホウドリの計測値に基づく主成分分析。尖閣タイプはオス・メスとも嘴が細長い
Eda et al. (2020)を改変

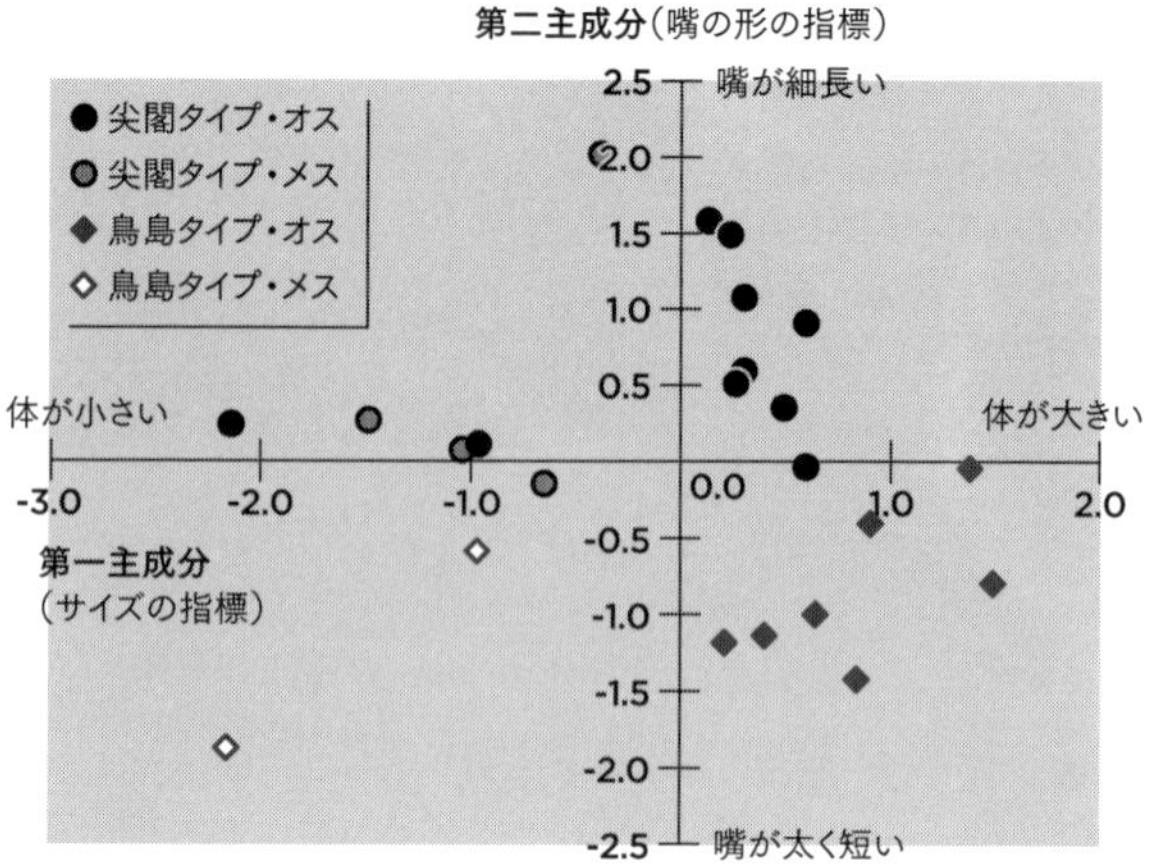

はそれぞれ自分と同じタイプの個体をつがい相手に選ぶ傾向（同類交配）が確認されました（Eda et al. 2016）。また、DNAを調べて両タイプを区別した上で、嘴の長さや太さなどの外部形態の比較を行いました（Eda et al. 2020）。その結果、鳥島タイプのオスは全体的に大きい一方、尖閣タイプのオスは相対的に嘴が長く〈22-2〉、メスにもこの傾向が当てはまることが確認されました〈22-3〉。さらに、ジオロケーター（49ページ参照）

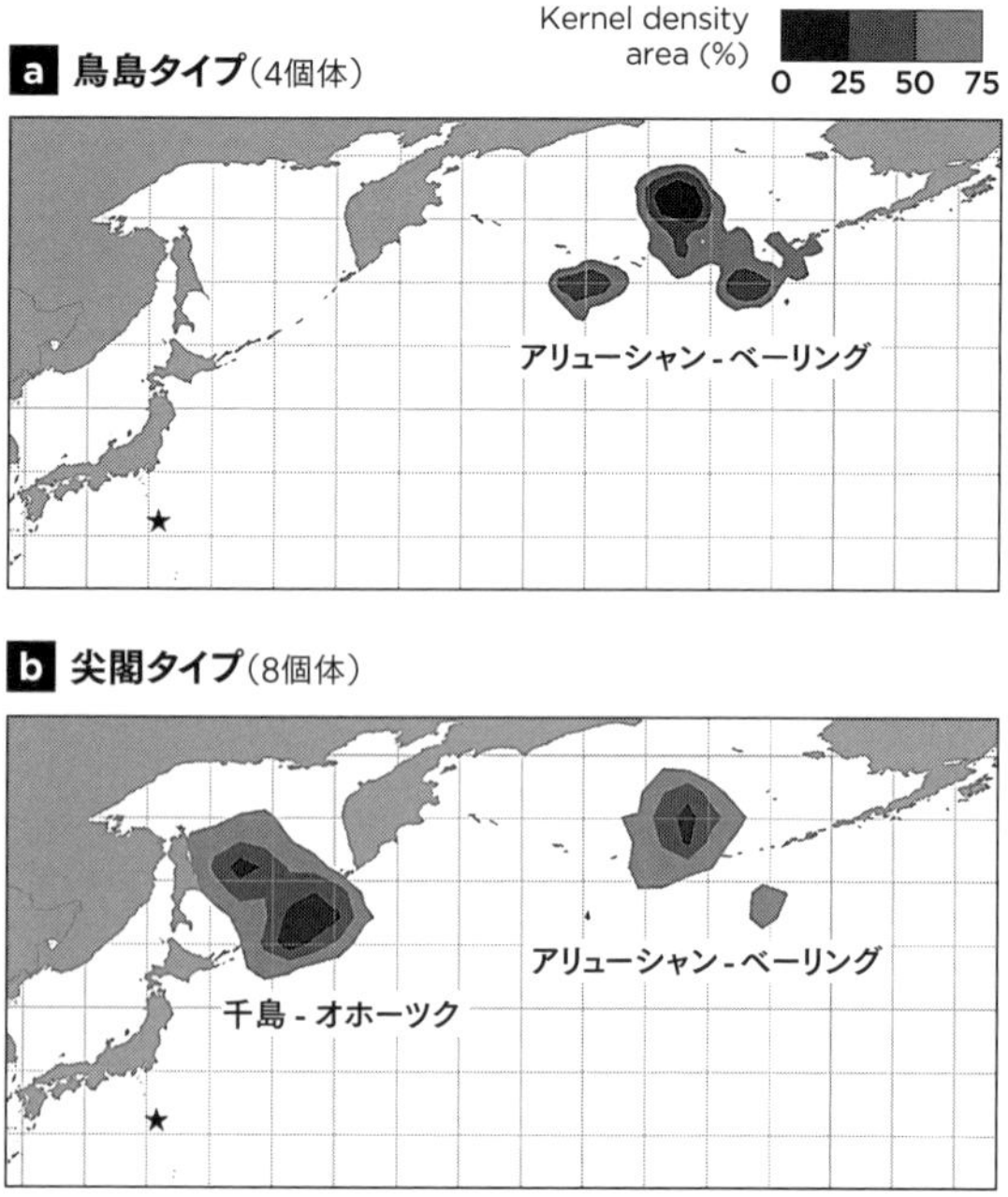

22-4 鳥島で繁殖するアホウドリの非繁殖期の利用海域。a 鳥島タイプ、b 尖閣タイプ。星印は鳥島の位置を示す
Tomita et al. (2024) を改変

Eda M, Izumi H, Konno S, Konno M & Sato F (2016) Assortative mating in two populations of Short-tailed Albatross *Phoebastria albatrus* on Torishima. Ibis 158: 868–875.
Eda M, Yamasaki T, Izumi H, Tomita N, Konno S, Konno M, Murakami H & Sato F (2020) Cryptic species in a vulnerable seabird: short-tailed albatross consists of two species. Endanger Species Res 43: 375–386.
Tomita N, Sato F, Thiebot J-B, Nishizawa B, Eda M, Izumi H, Konno S, Konno M & Watanuki Y (2024) Incomplete isolation in the nonbreeding areas of two genetically separated but sympatric short-tailed albatross populations. Endanger Species Res 53: 213–225.
Yamasaki T, Eda M, Schodde R & Loskot V (2022) Neotype designation of the Short-tailed Albatross *Phoebastria albatrus* (Pallas, 1769) (Aves: Procellariiformes: Diomedeidae). Zootaxa 5124: 081–087.

を装着し移動経路を追跡することで、両タイプ間で非繁殖期に利用する海域が異なる傾向にあることがわかり、混獲のリスクや海洋汚染など異なる脅威にさらされていることが推測されたのです〈22-4〉(Tomita et al. 2024)。

これまで伊豆諸島鳥島と尖閣諸島の「アホウドリ」は一つの単位として保全されてきました。しかし、一連の研究から、両地域の「アホウドリ」は約60万年もの間、異なる歴史を歩んできた異なる保全単位であるということが明らかになりました。つまり、今後は「アホウドリ」とひとくくりにせずに、それぞれの独自性を視野に入れた保全策を検討していくことが重要になります。

なお、2024年9月に出版された日本鳥類目録改訂第8版では、「アホウドリ」は2種の隠蔽種からなり、鳥島タイプの和名を「アホウドリ」、尖閣タイプを「センカクアホウドリ」とすることが明記されました。一方で、「アホウドリ」を指す学名*Phoebastria albatrus*は、センカクアホウドリが引き継ぐこととなりました(Yamasaki et al. 2022)。鳥島タイプのアホウドリの学名はまだ決まっておらず、当面は*Phoebastria* sp.と記載されることになるようです。現在、後者の学名を確定するため、研究者によって世界各地にあるアホウドリの標本の検証が進められており、その発表が待たれます。

読者の皆さんが今後、バードウォッチングや釣り、漁業などで外洋に出かけ、アホウドリに出会うことがあれば、ぜひ足環の有無に注目してみてください。左右どちらの足にも足環がなければセンカクアホウドリの可能性が高いです。その際は山階鳥類研究所までぜひご一報ください。

(富田直樹)

episode 23

鳥類標識調査が生息地保全に貢献

ノジコはホオジロ科の小鳥で、本州中部から東北地方にかけて夏鳥として局所的に繁殖し、主にフィリピン北部で越冬します。春と秋には渡りのために東北以南の日本各地を通過しているはずですが、繁殖期以外は囀《さえず》らないことと、休むときは見通しの悪いヨシなどの草むらにいるため、観察されることは稀です。

かすみ網を用いると、地表付近を通過する中～小型の鳥類をまとめて捕獲できるため、普通種に混じって、ノジコのように確認しにくい種が記録されることがあります。

福井県の吉田一郎氏ほか数人のバンダーたちが2000年春から敦賀《つるが》市の中池見湿《なかいけみしっ》地《ち》で標識調査を開始したところ、それ以前の1972～1999年のノジコの年間標識数が100～200羽程度だったのに対し、10月の3日間だけで48羽のノジコが捕獲されました。その後も毎年10～11月にノジコが多数捕獲され、4日間に300羽以上が標識された年もありました。渡り期間中に調査できなかった日が多くあることを考慮すると、毎秋1000羽以上のノジコが中池見湿地を渡りの中継地として利用していると考えるのが自然です（吉田 2007）。実際、調査日数を増やした2010年（調査26日）と2011年（同27日）には秋の標識数が1000羽を超えました。年間を通した調査の結果、ノジコは中池見では繁殖しておらず、秋の数週間だけ滞在すること、春にも少数が通過していることが明らかになりました。

中池見湿地がノジコの大規模な渡り中継地となっている事実は、かすみ網を用いた捕獲を行ったことで初めて明らかになったもので、観察困難な種も確認できる標識調査の利点が発揮された例といえます。

23-1 中池見湿地で捕獲されたノジコ（2019年10月22日撮影）

中池見での大量捕獲をきっかけに、新潟県長岡市でもよく似た環境で調査が行われ、ここでも秋に多数のノジコが標識されました。これらのことから、ノジコは秋の渡りのときには平野部のヨシ原よりも中山間地域のヨシ原（放棄水田など）を主に利用するという生態が明らかになりました（渡辺ら 2011）。

２０１２年、中池見湿地はラムサール条約（正式名称：特に水鳥の生息地として国際的に重要な湿地に関する条約）に登録されました。当時、絶滅危惧種として位置づけられていたノジコの重要な中継地となっていることが、登録基準の一つ「絶滅のおそれのある種や群集を支えている湿地」に当てはまり、ほかの基準とあわせて国際的な重要性が認められたのです。

話は変わって、北陸新幹線の金沢―敦賀間の延伸に伴い、２０１２年、中池見湿地の下流部をトンネルを含むルートが横切る工事計画が判明しました。湿地や生物に大きな影響が及ぶことを懸念した保護関係者などによる根気強い働きかけにより、最終的

23-2 中池見湿地での標識調査の様子。あまり草丈の高くない湿性草原が広がり、渡り途中のノジコはその中に潜んでいるためなかなか目につかない。標識調査はそのような鳥の存在を把握するのに有効である

な工事ルートはラムサール登録範囲の外縁部に変更されました。この過程ではラムサール条約事務局も働きかけてくれたようです。当初計画と比べて影響はかなり軽減されたと思われます。

しかし、工事前後のノジコ個体数の把握のため、工事前（２０１４年）と工事後（２０１９〜２０２３年）に、湿地内の３地点で網の位置や枚数、調査時期や時間等を統一した捕獲調査が行われた結果、２０１４年の捕獲数と比べて、２０１９年以降のノジコ捕獲数はどの年も大幅に少なくなっていました（鉄道・運輸機構 2024）。減少の要因として、以下の仮説が考えられました。

❶ 工事の影響で環境が変わり、中池見を利用するノジコが減った。

↓調査した３地点のなかで、工事現場に

吉田一朗 (2007) 福井県中池見湿地付近におけるノジコ. Ciconia (福井県自然保護センター研究報告) 12:15–17.
渡辺央・五十嵐伸吾・横山美津子・杉林澄人・吉田一朗 (2011) 新潟県長岡市と福井県敦賀市の標識調査におけるノジコの移動性について. 日本鳥類標識協会2011年大会講演要旨.
独立行政法人 鉄道建設・運輸施設整備支援機構 北陸新幹線建設局(2024) 北陸新幹線、中池見湿地付近モニタリング調査等 フォローアップ委員会(第10回)議事概要の公表について. https://www.jrtt.go.jp/project/Nakaikemi10.pdf

最も近い調査地点と他の2つの調査地点で、減少率が同程度でした。このことから、工事の局所的影響がノジコ捕獲数減少の主要因である可能性は低そうです。

❷ 全国的にノジコが減少した結果、中池見に来る数も減った。

↓近年ノジコ標識数が多い新潟県の2地点でも、2016年ごろを境に捕獲数が大幅に減っていました。これらの地域ではノジコが減っていましたが、全国的に減少しているかどうかは不明です。中池見での減少は、全国的な個体数減少を反映している可能性はありますが、現時点では情報が足りません。

❸ 周辺環境が変わってノジコが分散した結果、中池見に来る数が減った。

↓近年、地域によっては耕作放棄等により山間地の湿地が増えています。ノジコにとっては渡り中継地に適した環境が増えている可能性があり、複数箇所に分散した結果、中池見に来る個体が減った可能性も考えられます。しかし、現時点ではこの仮説を支持するデータはありません。

仮説❷か❸のどちらかが中池見での減少の主因かもしれないし、複数の要因が合わさった結果かもしれないし、ほかにも原因があるかもしれません。植物と違って、長距離移動が可能な鳥は、どこかで減少が見られても原因特定は簡単ではありません。今後も標識調査を含むモニタリングを継続的に実施していくことが重要です。

(仲村昇)

Column

足環の回収記録が生き別れた親子をつないだ物語

足環をつけた鳥が、朝鮮戦争で南北に引き離された親子をつないだ物語をご存じでしょうか。

韓国の鳥類学者である元炳《ウォンピョン》旿《オ》氏は、1963年6月6日ソウルで、巣箱で繁殖したシベリアムクドリの雛などに、日本から譲り受けた金属足環をつけて放しました。このうち、「農林省 JAPAN C7655」と刻印された足環をつけたシベリアムクドリが、翌1964年に北朝鮮の平壌《ピョンヤン》で回収されました。回収したのは、炳旿氏の父で北朝鮮の鳥類学者である元洪《ウォンホン》九《グ》氏。洪九氏は、日本では繁殖していないはずのシベリアムクドリに日本の足環がついているのを不思議に思い、いつどこで放したのかを教えてほしい、とソ連（現ロシア）経由で山階鳥類研究所に手紙を出しました。北朝鮮は日本と国交がないため、直接手紙を出すことができなかったのです。

手紙を受け取った山階鳥類研究所は、ソウルに問い合わせ、シベリアムクドリの放

1992年に北朝鮮で発行された切手。左は韓国で元炳旿氏が足環をつけたシベリアムクドリと足環の刻印、右はこの鳥を回収した父の元洪九氏

（提供：園部浩一郎氏）

鳥日、場所と放鳥者をソ連経由で北朝鮮の洪九氏に送りました。1950年に生き別れてから14年間も消息がわからなかった息子・炳旿氏が足環をつけて放した鳥である、との知らせを受け取った洪九氏の喜びは計り知れません。動乱のなかを生き抜いて、父と同じ鳥類学者になっていたのですから。

　足環つきのシベリアムクドリが南北朝鮮で生き別れになった親子をつないだ物語は、1965年に北朝鮮の新聞が報じると、ソ連、アメリカ、日本、韓国の新聞で次々に取り上げられ、世界的なニュースになりました。

　山階鳥類研究所の当時の所長、山階芳麿《よしまろ》は「私の履歴書 ⑬」（日本経済新聞、1979年5月9

日）のなかで、「父の手紙を読んで差しさわりのないところを息子に書き送った。息子もまた同様にする」と直接文通のできない親子の橋渡し役をしたことを書いています。しかし、１９７０年に父・洪九氏が亡くなり、親子の対面はついに叶いませんでした。炳旿氏が北朝鮮の父の墓前を訪れることができたのが２００２年。そして、２０２０年、炳旿氏は91歳で亡くなりました。

現在、世界のあちこちで争いが起こっています。元《ウォン》親子の悲しい物語を繰り返さないように、国境を越える渡り鳥がどこに移動しても安心して生息できるように、鳥類研究者が国を超えて渡り鳥の研究ができるように、平和な世界になるように心から願ってやみません。

（小林さやか）

4章

標識調査でわかる、あんなことこんなこと

これまで紹介した、鳥の渡りや年齢、個体数の変化などを知ることは鳥類標識調査の重要な目的です。

しかし、この調査からわかることはそれだけではありません。

鳥を捕獲し、じっくり観察して初めてわかることはたくさんあるし、観察ではなかなか見つけられない鳥の存在を明らかにできるのも標識調査の大きな特徴です。さらには、目に見えないウイルスの移動がこの調査によって明らかになることもあります。

標識調査を実施することで、どんな成果が得られているでしょうか。

episode 24

雄か雌か？ 成鳥か幼鳥か？
～性別や年齢と、標識調査～

バードウォッチングをしていると、「あのシロハラは頭に灰色みがなくて喉が白いけど、大雨覆《おおあまおおい》の先端に白い点々がないから成鳥の雌だな」など、鳥の種名だけではなく、性別や年齢のことまで会話しているのを聞くことがあります。図鑑を見ると、性別や年齢が絵合わせでぱっとわかる鳥もいますが、難しい識別点が書いてあったり、区別ができないと書いてあったりする場合もあるでしょう。そんなこともあって、「種名さえわかればいいのに、性別とか年齢なんて、マニアは偉そうに知識をひけらかして嫌だなぁ」と思う方もいらっしゃるかもしれません。でも、熱心なバードウォッチャーや研究者、そしてバンダーが性別年齢についてうるさいのにはちゃんとした理由があります。ここでは標識調査と性別年齢の知識の関係についてお話ししましょう。

鳥が何歳まで生きるかは、種ごとの生態情報のなかの重要な項目です。国勢調査についての記事で、国民の寿命の動向が、少子高齢化の進行との関係で話題になっているのを読んだことがある方もいるでしょう。同様に、鳥についても、寿命の情報は種の生態を理解するために重要な科学的知見になります。鳥には、樹木の年輪のような「ここを見れば生まれてからの年数が数字としてわかる」という指標は知られておらず、番号つきの足環によって個体識別をする標識調査が、野生の鳥の寿命を知るためのほとんど唯一の調査方法です。そして、寿命を知るためには、足環をつけたときにその年生まれかどうかを正確に判定してあることが重要になります。

また、標識調査から、多くの鳥で、その年生まれでまだ繁殖していない個体と、いったん繁殖に入ってしまった鳥では移動の距離や方向が異なることが知られていま

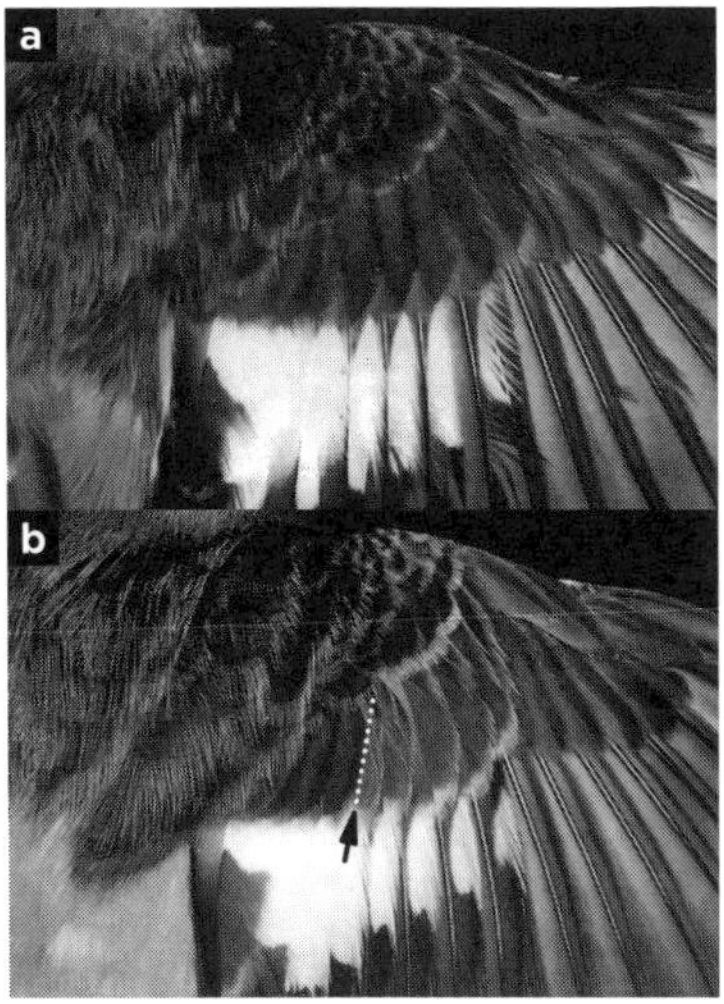

24-1

a ジョウビタキの雄の成鳥と b 第一回冬羽（生まれた年の秋に得られる羽衣）の翼。大雨覆という部位が、b では矢印を境に外側が灰褐色で、内側が黒色なのがわかる。灰褐色の羽は、夏前の巣立ちで最初に飛べるようになったときに生えた幼羽という羽毛で、内側の大雨覆の黒い羽は、秋の初めに第一回冬羽として生えた羽。これに対し、a の成鳥の大雨覆では内側から外側まで全部が黒色。秋の初めに全部が生え替わって成鳥冬羽となり、一律に黒い色をしている。秋の調査で捕獲されるジョウビタキは大雨覆を調べることでその年生まれかどうかが識別できる

す。たとえば、新潟県の福島潟鳥類観測1級ステーションでの、秋の渡りの時期に行われた標識調査で、１９６１〜２０２１年の61年間に足環をつけられたスズメのうち、３００キロメートル以上離れた場所で再度見つかった10例はいずれもその年生まれの個体でした（吉安 2023）。スズメはいったん成鳥になるとあまり移動しませんが、生まれた年には長距離の移動をするのです。スズメがそういう生き方をしていることがわかるのも、年齢査定がきちんと行われてこそなのです。

さらに、標識調査によって、雌雄で異なる距離を渡ることが知られている鳥もいます。国内では北海道と本州北部で繁殖し、本州以南で越冬するオオジュリンについて、本州から九州の複数の調査地で越冬期に捕獲した個体の性比を調べたところ、このなかでいちばん北の調査地である宮城県では雄が約80パーセントを占め、南下するにつれて基本的に雌の割合が増加し、いちばん南の鹿児島県出水市では雄は20パーセント足らずを占めるだけでした（山階鳥類研究所 2004）。オオジュリンは雌のほうが遠くまで渡るのです。雌雄をきちんと識別し、記録することは生態の解明に重要なのです。

では捕獲した鳥の性別と年齢は具体的にどのように知るので

しょうか？　たとえば年齢については、鳥は年々体が大きくなっていくことはなく、孵化後数週間して巣立ったときには基本的に成鳥と同じ大きさになっています。そこで、巣内の雛はもちろん見分けがつくとして、巣立ち後の個体の年齢を推定するためには、羽色や模様、その他いくつかの形態的な特徴が使われます。そしてそういった

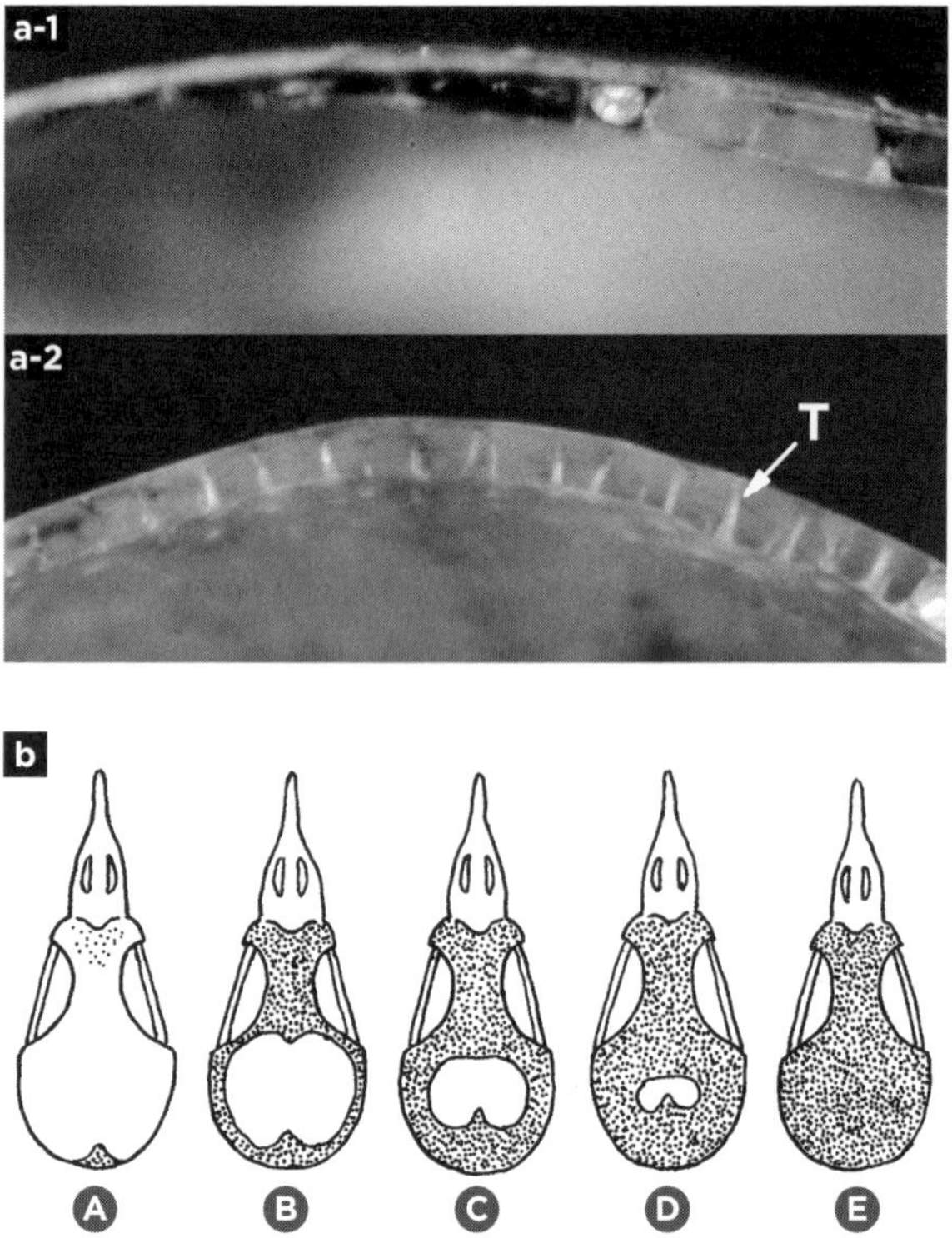

24-2

a カシラダカ幼鳥の頭骨の断面　b スズメ目鳥類の頭骨の骨化の模式図（山階鳥類研究所 2009; A（ほぼ未骨化）からE（完全に骨化）に骨化が進む）。鳥類の骨は一般に含気性といって、成鳥では多くの骨が中空の構造をしている。頭骨も同様に、発育に伴って含気骨になる。幼鳥の頭骨は初め一層構造だが a-1、徐々に上下二層に分かれ、細かい柱状骨（T）で結合された気室構造になり a-2、これを頭骨の骨化（含気化）と呼ぶ。日本産のスズメ目鳥類の多くの種では11月になっても骨化が完了していないのが普通で、含気化していない部分が頭頂などに見られる（bのA～D）（山階鳥類研究所 2009）。訓練を積んだ調査者は、生きた鳥を弱らせたり傷つけたりすることなく、頭部の羽毛をかき分けて、皮膚越しにこの頭骨の骨化を観察することができる

山階鳥類研究所（2004）『平成15年度鳥類標識調査報告書』：20–29. 山階鳥類研究所, 我孫子.

山階鳥類研究所（2009）『鳥類標識マニュアル（改訂第11版）』山階鳥類研究所, 我孫子.

吉安京子（2023）「小さなスズメだって、生き残るために冒険する」山階鳥類研究所『山階鳥類研究所のおもしろくてためになる鳥の教科書』：162–166. 山と溪谷社, 東京.

特徴によって推定できるのは、孵化した年とそのあと1年から数年までの齢だけで、その後は何年生きても成鳥としかわからないものです。特にスズメ目の小鳥は、今年生まれか、去年以前生まれかしかわからないものがほとんどです。

このような鳥の性別や年齢を知るのに、標識調査では、鳥類図鑑に書いてあるような、野外観察でも役立つ点ばかりでなく、鳥を手に取って初めてわかる特徴が活躍します。こういった特徴は種ごとに違うのですが、性別については、羽毛の細かい形態や、外から見えない羽毛の基部の色彩、体のサイズ、抱卵斑や総排泄腔《そうはいせっこう》の形状などが手がかりになります。

一方、年齢査定のために使うものとして、これも種ごとに違うのですが、換羽（羽毛の抜け替わり）の状況、尾羽などの羽毛の形状、虹彩（目）の色や、舌斑《ぜっぱん》という舌にある模様など裸出部の色彩、頭骨の骨化などがあります。換羽状況による年齢査定の例として、図〈24-1〉にジョウビタキの大雨覆の年齢による比較について、また換羽状況以外による年齢査定の例として、図〈24-2〉にスズメ目鳥類の頭骨の骨化（含気《がんき》化《か》）について解説しました。

文中で述べたスズメやオオジュリンの事例のように、標識調査で、年齢や性別の記録とあわせて分析して得られる情報は、それぞれの鳥がどうやって生きているかを知るために非常に重要です。このような研究例は特に海外では多くありますが、日本ではまだ多いとはいえません。日本でも今後、この方面の分析を進めて、いろいろな鳥がどうやって生きているかについて知見を蓄積していく必要があります。**（平岡考）**

episode 25

多くの情報を秘めた足環つきの収蔵標本

山階鳥類研究所には8万点にも及ぶ学術標本が保存されており、現在もなお収集が続けられています。学術標本と呼ばれる剥製標本は種の分類や形態研究において重要であったため、国内で種の分類が盛んに行われた19世紀末以降、各地で収集されてきました。また、標本の収集は、主にその種を代表するものや地域を代表する標本を集めることに重点が置かれ、戦前は日本国内だけでなく大陸や南太平洋に及ぶ地域まで採集人を派遣して収集が行われていました。戦後、形態学的な研究が下火になるにつれ、標本収集に力を入れることは少なくなってしまいましたが、近年また、分子系統学的手法の発達により分類についての新しい研究成果が出てくるようになり、博物館に収められた標本が再び注目されています。標本から得られる微量の組織試料を分析することで、個体の遺伝情報や栄養状態、化学物質汚染を知ることが可能となり、採集した時代や採集地が明らかな標本の価値が再認識されるようになったのです。戦後の鳥類保護の機運の高まりもあり、山階鳥類研究所でも積極的に鳥を捕獲するような標本の採集は行われなくなっていましたが、それに代わる手段として、事故などで死亡した鳥を集め、標本収集を継続してきました。

事故に遭って死亡する鳥は、窓ガラス衝突や交通事故など、人々の身近なところで死んでいるため、目につきやすいです。このような事故は人が住んでいる場所であればどこでも起き、事故死体を回収して標本にすることで、さまざまな地域の標本を集めることができます。鳥好きの人が死んでしまった鳥を目にすると、なんとか保存できないか、と考えるものでしょう。そんな人たちが近くにある博物館などに鳥を届けることも多いです。国内の博物館や大学の研究施設などでは、事故死した鳥を集めていることも多く、死体の採集年月日や場所を記録していっしょに保管しています。各地の博物館や研究機関と協力することで、日本全国の鳥の標本を継続して集めることが可能となっています。山階鳥類研究所でも、一般からの寄贈や関係機関との協力により、毎年500点以上の標本を新たに収蔵することができています。

山階鳥類研究所の標本の特徴は、その数や規模において東アジア最大規模のコレクションであるだけでなく、標識された個体、つまり足環がつけられた標本が数多く収蔵されていることもあげられます〈25-1〉。最近は、分析技術の発展により標本に付随するデータが増加しており、標本とそれらのデータがセットで保存されることで、研究に役立てられています。なかでも足環つきの個体は、足環がつけられてから回収されるまでの時間や個体の移動がわかることから、通常の事故死した個体に比べ、さらに情報が多い標本となります。野外で正確な年齢のわかる個体はほとんどいません。しかし雛のときに標識された個体は、回収された時点でその年齢を正確に知ることができます。死亡時の羽衣や羽色を剥製標本として残すことで、これらの標本をもとに野外におけるその種の年齢を推測することができる貴重な試料となります。このような標本を多く集められるのは、「鳥類標識センター」として日本の標識調査を主導している山階鳥類研究所ならではでしょう。標識された死体を標本にすることで、未来の研究を支える情報と試料を残すことになります。

標識されていることで、貴重な標本が集まりやすくなることも忘れてはいけません。

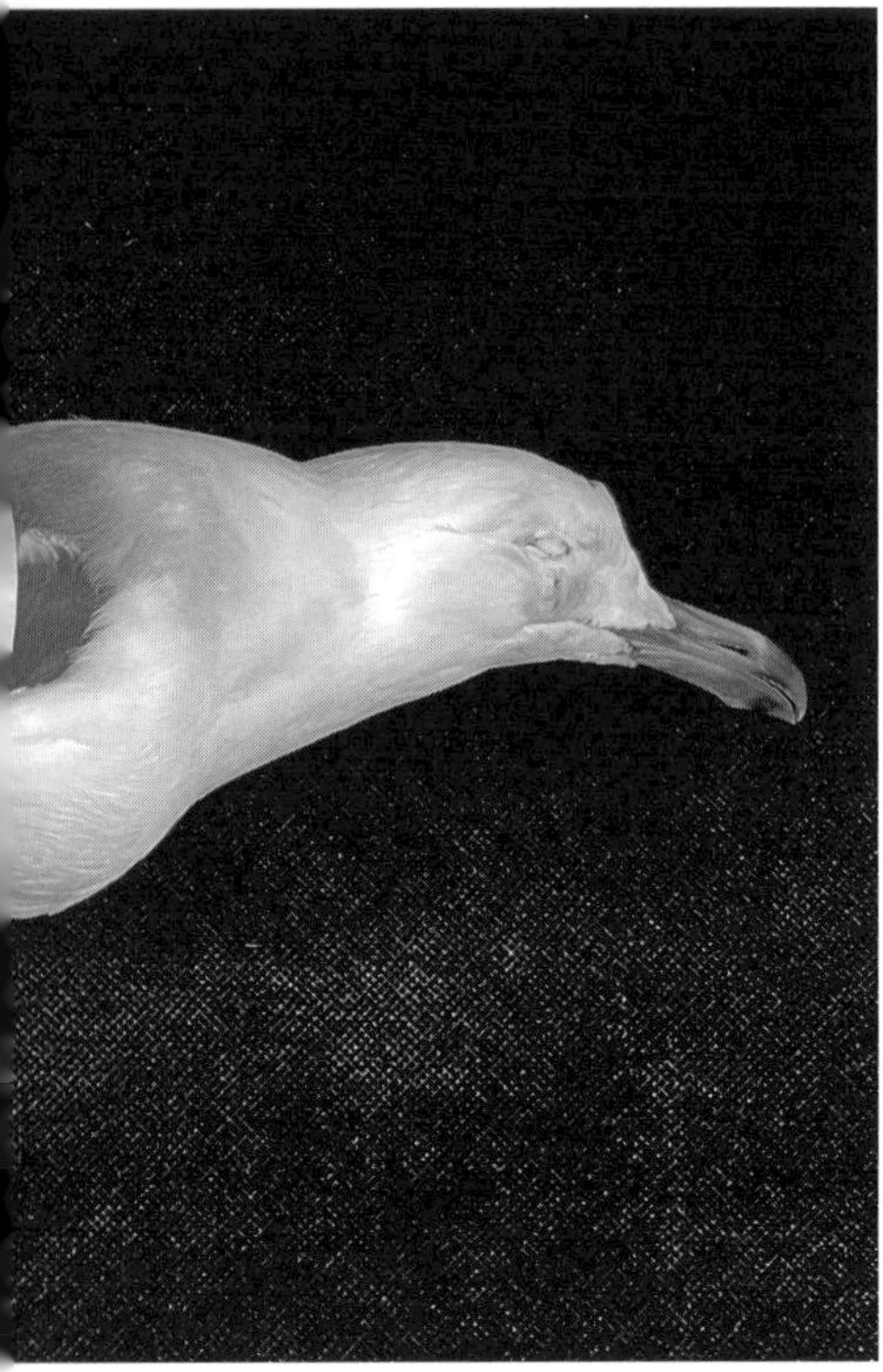

多くの人は、美しい羽色をした鳥や珍しい鳥に目が行きがちです。一般的な野鳥が死んでいるのを見ても、「ああ、鳥が死んでいるな」としか思わないかもしれません。じつは、身近な一般種の鳥、たとえばスズメなどは近年集められた標本のなかでは数が少ないのです。理由は一般的すぎて拾われないからです。綺麗な鳥は貴重そうだから拾っておこう、と思うのが普通のようです。しかし足環のついた鳥が落ちていたら、どう思うでしょう。この足環は誰がつけたのだろう？　この鳥はなぜ死んでしまったのだろう？　この鳥はどこから来たのだろう？　と思うに違いありません。足環に刻印された文字に興味を抱き、そこに外国の国名が刻まれていたらますます興味が湧くでしょう。インターネットで調べてみると、足環の情報について標識センターまでご連絡ください、とあります。このようにして山階鳥類研究所まで届けられた鳥は、足環の情報から、生まれた場所、移動した距離や年齢がわかることもあります。事故死して拾われた鳥の標本よりも、はるかに多い情報です。さらに拾われた鳥は山階鳥類研究所で解剖され、各部の計測値や死亡原因なども記録され、回収情報とともにデータベースで保存されます。標識された鳥が死亡していたら、それは

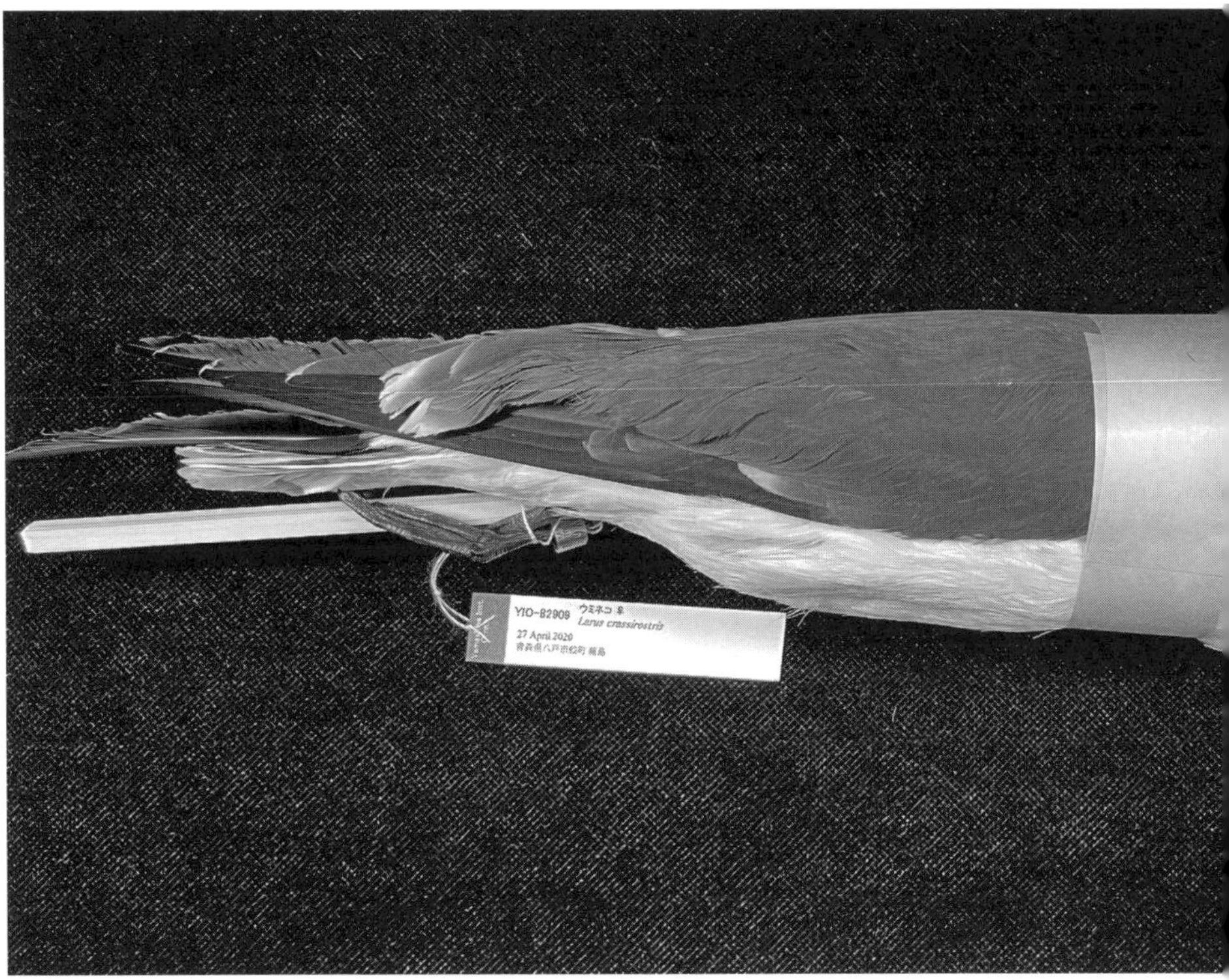

25-1

山階鳥類研究所に保管されている、足環のついたウミネコの標本。青森県八戸市蕪島で2020年4月27日にノネコかキツネに捕殺されたメスの成鳥（標本番号YIO-82909）。9A33854の足環がつけられていたことから、1993年に蕪島で生まれた27歳の個体であることがわかった

ただの死体ではありません。標本として残せば、多くの情報を秘めた宝の鳥となるのです。

（岩見恭子）

episode 26

ヤンバルクイナ発見秘話

私が「その鳥」を初めて観察したのは、1980年7月31日夕方、沖縄島北部の与《よ》那《な》覇《は》岳《だけ》九合目にある広場近くの林道です。テント泊をしながら山階鳥類研究所のMさんと、彼が2年前に見た謎の鳥の調査をしていました。椅子に座ってお茶を飲みながら、林道のほうを見ていると、道の左側から何かが顔を出し、すぐに引っ込み、しばらくすると、ゆっくりした足取りで林道に姿を現しました。双眼鏡でとらえた鳥は、バンよりは少し小さめ、全身が暗褐色で嘴と足が鮮やかな赤、下面には白黒の横縞模様がありました〈26-1〉。クイナの仲間であることは間違いないが、国内で記録がない鳥であることも確実。林道を横切って数秒で姿を消した後、二人で鳥の特徴を確認しあって興奮しました。

この調査にはもう一人、鳥類の分類学の専門家が同行していましたが、彼はこのチャンスを逃しました。というのも彼は国内ではわずかしかいない、銃で標本を採集できる専門家で、このときも猟銃を持って別の場所で待機していたからです。

翌日、「クイナ」以外にもう一つの収穫がありました。それは林道沿いに張ったかすみ網で、アマミヤマシギが捕獲されたことです。この鳥はそれまで奄美大島の固有種とされていて、沖縄島での初記録、しかも繁殖期の成鳥と考えられる個体でした。足環を装着して放鳥、これはアマミヤマシギの標識初放鳥記録になりました。

「沖縄の山中には飛べない鳥がいる」。Mさんがそんな噂を聞いたのは、沖縄県に鳥類標識調査のための観測所が作られ、沖縄島のあちこちで調査をしていた1975年のことです。今回の与那覇岳での観察から、新種のクイナの仲間がいることがはっき

26-1

最初の観察時のスケッチ。嘴の長さ、下面の模様、顔の白線の位置などは実物と異なっている

りしました。そこで1981年、山階鳥類研究所ではこの鳥の捕獲に本格的に取り組むことにしました〈26-2〉。鳥類の捕獲に長《た》けているメンバーで、6月18日から現地入りし、「クイナ」の情報を探し、いくつかの仕掛けで捕獲を試みました。しかし一向に捕れる気配がありません。1週間ほど遅れて合流した私は、その状況を聞いて、作戦を変えてみようと提案。それまでは水たまり等に残された足跡を頼りに、開けた場所に網を使ったわなや、トリモチ等を試していましたが、むしろ草むらなどに隠れた溝を利用するのではと考え、金網のかごわなを即席で作って水路に仕掛けてみました。すると翌6月28日、1羽の「クイナ」がわなに入りました。7月4日にはもう1羽捕獲。最初の鳥は幼鳥、2羽目は成鳥と思われました。

いずれも各部の測定をし、写真を撮って足環を装着し元の生息地に放鳥しました〈26-3〉。本来、新種の発見や記録発表は、標本に基づくのが基本です。にもかかわらず生きたまま放鳥したのは、この種の個体数が相当少ないことが容易に推測されたからです。じつはこの年の1月、同じメンバーで、佐渡島に残っていた野生のトキをすべて捕獲しました。保護増殖計画のためではありましたが、これにより日本産鳥類の一つが野生絶滅しました（116ページ参照）。そんな経験から、この「クイナ」の命が極めて大切に思えたからです。

幸運なことに、路上で死亡していた1羽の死体が入手され、これらの資料から新種の記載論文が書かれました。学名は*Rallus okinawae*（現在の学名は*Hypotaenidia*

26-2 調査メンバーと最初に捕獲された幼鳥（1981年6月28日撮影）

okinawae）、和名は「ヤンバルクイナ」となりました。当初、オキナワクイナという案もあったのですが、そのころはあまり聞きなれなかった「やんばる」（山原）の地名をつけたのは結果的に良かったと思っています。というのも、その後この地域からは新種の動物の発見が続き、ヤンバルテナガコガネ（１９８３年発見）やヤンバルホオヒゲコウモリ（１９９６年発見）など「ヤンバル〜」を冠した和名がつけられるようになり、生物多様性が豊かな沖縄島北部の森林地帯「やんばる」が一躍有名になったからです。

日本で鳥類の新種が生きた状態で発見されたのは、ヤンバルクイナと同じ沖縄島北部からのノグチゲラ（１８８７年）以来、じつに94年ぶりのことでした。なお、標本からの発見は１８８７年に宮古島で採集されたカワセミの一種が１９１９年になってミヤコショウビンと記載されたり、１９１７年にはカンムリツクシガモ、１９５２年にクロウミツバメが独立種となった例があります。

鳥類標識調査で見つかった日本初記録鳥類は相当

数あります。それらは特に野外での識別の困難な種類や亜種に多く、たとえば種としてはキタヤナギムシクイ、ムジセッカ、コノドジロムシクイ、亜種としてはキタアラスカハマシギ、アメリカコアジサシ、インドヨウマミジロアジサシなどです（149ページ参照）。しかしヤンバルクイナのように、新種の発見が今後日本であるかどうか？わずかな可能性はロマンとして残っていてほしいものです。

（尾崎清明）

26-3

捕獲された成鳥（上）と、足環をつけて放鳥されたときの様子（下）（1981年7月4日撮影）

episode 27

隠蔽種の存在を明らかにする

鳥類標識調査で鳥に足環をつける場合には、その鳥の種名が確実にわかっている必要があります。なぜなら、種名は標識データを記録する際に必須の情報だからです。ところが、実際に野外で鳥を捕獲していると、一見して種名がわからない、または近縁種と似ているために種同定の判断が難しいなどの問題に出くわすことがあります。調査者としては、けっこう困った問題です。

私は大学院生のころ、標識調査員になるために全国の調査地で修業していました。その際に、「渡ってくるメボソムシクイの集団のなかに、囀りの全く異なる個体が混ざっている」という情報を先輩調査員の方々から聞きました。それはいったいどういうことなんだろう？　という疑問が湧き、その問題を修士・博士課程の研究テーマにしました。ロシアや国内の高山帯に野外調査に出かけたり、アラスカから血液サンプルを取り寄せたりして試料を集め、囀りの異なる個体の正体を突き止めるべくDNA解析を行いました。その結果、従来「メボソムシクイ *Phylloscopus borealis*」と呼ばれていた鳥のなかには、じつは3種の異なる鳥が含まれていることがわかりました。つまり、「メボソムシクイ」は、スカンジナビア半島からアラスカ西部まで広く高緯度地方に分布するコムシクイ*P. borealis*、カムチャツカ半島・サハリン・千島列島・北海道に分布するオオムシクイ*P. examinandus*、日本の本州以南の高山帯で繁殖するメボソムシクイ*P. xanthodryas*の3つの種に分かれることが、私たちの研究から明らかとなったのです（Saitoh et al. 2010, Alström et al. 2011）〈27-1〉。

このように、本来は別種であるにもかかわらず、外見的特徴の類似などの理由から

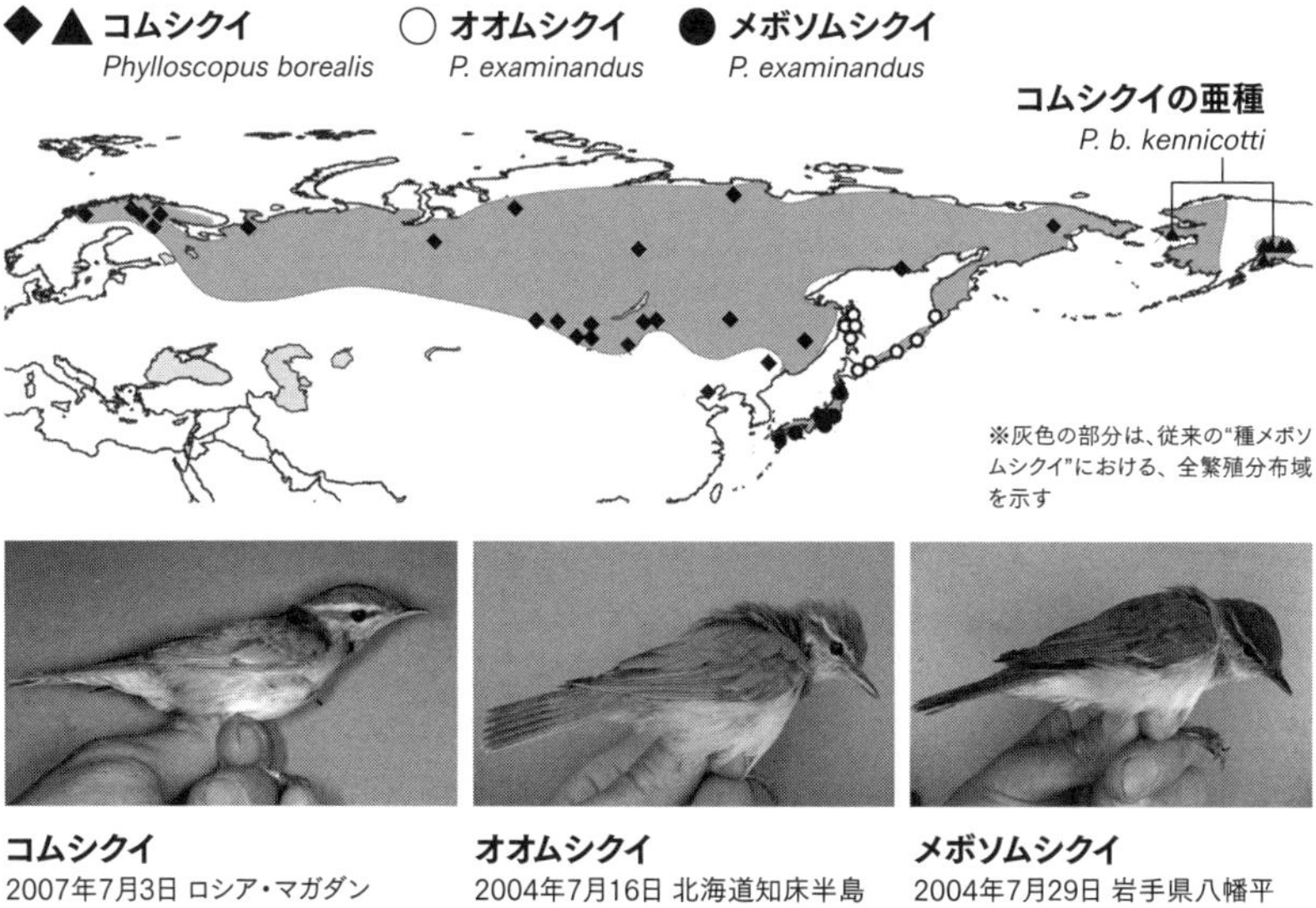

27-1 メボソムシクイ上種における各3種の遺伝的グループの違いと外見の写真

Saitoh et al. (2010) を改変

同種と判断されていた種のことを隠蔽種といいます。ここで紹介したメボソムシクイの研究は、まさに隠蔽種を発見した例といえます。

　このような隠蔽種の発見や、種同定を簡便に行うのに貢献したDNA技術として、「DNAバーコーディング」があります。このDNAバーコーディングは、2003年にポールD・N・イーベル博士によって発表され（Hebert et al. 2003）、全生物種を対象とする国際プロジェクトに発展しました。私たち山階鳥類研究所の所員も、国立科学博物館の研究チームと共同でこのプロジェクトに参画し、2015年に日本の繁殖鳥類種234種について調べた成果を発表しました（Saitoh et al. 2015）。その結果、東アジア地域において、隠蔽種候補を含む種が24種いることを発見しています。

　またこの技術は、標識調査中もしくは拾得された個体で、種同定が難しい場合においても威力を発揮します。たとえば、見た目がとてもよく似ているエゾムシクイ *Ph. borealoides* とアムールムシ

Saitoh T, Kawakami K, Red'kin YA, Nishiumi I, Kim C-H & Kryukov AP (2020) Cryptic Speciation of the Oriental Greenfinch *Chloris sinica* on Oceanic Islands. Zool Sci 37: 280–294. https://doi.org/10.2108/zs190111

クイ *Ph. tenellipes* や、オジロビタキ *Ficedula albicilla* とニシオジロビタキ *F. parva* の種同定を、形態の比較以外の方法で同定することを可能にします。

最後に、保全の現場から明らかとなった隠蔽種の発見について紹介しましょう。カワラヒワ *Chloris sinica* の亜種で小笠原諸島と硫黄列島《いおうれっとう》に固有分布するオガサワラカワラヒワ *C. s. kittlitzi* という鳥がいます。この鳥は、一見すると本州に分布する亜種カワラヒワ *C. s. minor* に似ていますが、より嘴が大きく、体サイズが小さいのが特徴です〈27-2〉。世界中で小笠原諸島と硫黄列島のみに分布し、この地域の乾性低木林に適応している、とても固有性の高い鳥として認識されていました。本州やその他の地域から地理的に隔離されていることを考慮すると、遺伝的にも他の個体群と比べて特異性が高く、分岐してからの時間が長いことが予想されます。そこで、同地で長年にわたり保全・研究活動をしている

27-2 カワラヒワとオガサワラカワラヒワの嘴形状の比較

Alström P, Saitoh T, Williams D, et al. (2011) The Arctic Warbler *Phylloscopus borealis*– three anciently separated cryptic species revealed. Ibis 153: 395–410.
Hebert PDN, Ratnasingham S & de Waard JR (2003) Barcoding animal life: cytochrome c oxidase subunit 1 divergences among closely related species. Proc R Soc Lond B 270: 596–599.
Saitoh T, Alström P, Nishiumi I, Shigeta Y, Williams D, Olsson U & Ueda K (2010) Old divergences in a boreal bird supports long-term survival through the Ice Ages. BMC Evol Biol 10:35 doi: 10.1186/1471-2148-10-35. http://www.biomedcentral.com/1471-2148/10/35
Saitoh T, Sugita N, Someya S et al. (2015) DNA barcoding reveals 24 distinct lineages as cryptic bird species candidates in and around the Japanese Archipelago. Mol Ecol Res 15: 177–186.

27-3

オガサワラカワラヒワとカワラヒワ亜種との系統関係（ミトコンドリアDNAチトクロムb領域に基づく）

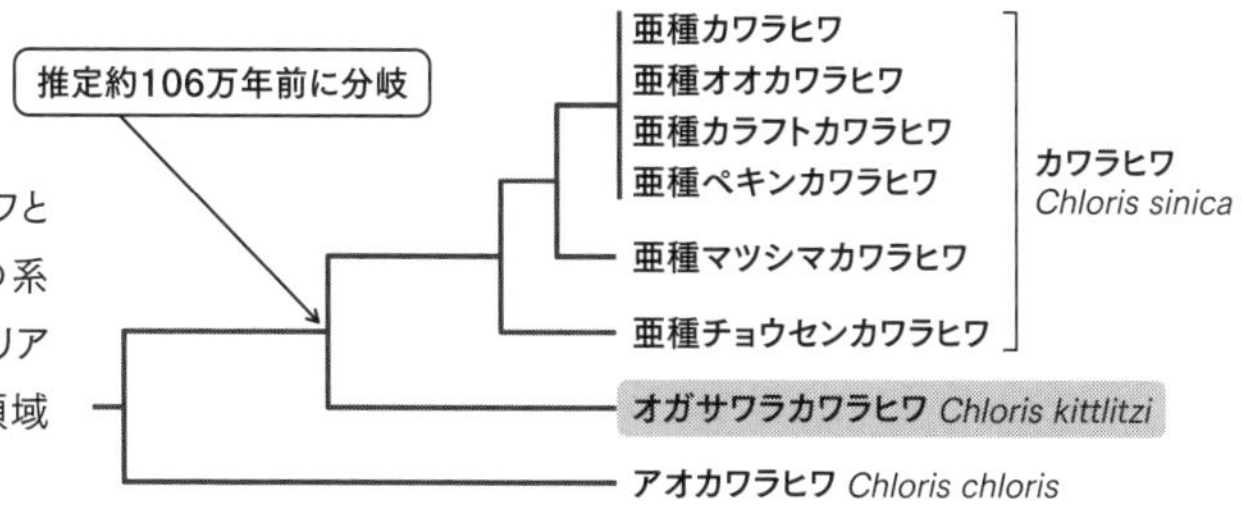

川上和人博士（森林総合研究所）や地元の研究者から、標識調査によって捕獲した際に採取した血液サンプルからDNA解析をしてほしいと私に依頼がきました。

依頼を受けてミトコンドリアDNA約1500塩基対の塩基配列を解読したところ、オガサワラカワラヒワは、本州やその他に分布する個体群と比べて、約106万年も前に分岐した古い系統群であることを発見しました(Saitoh et al. 2020)。これらの結果から、私たちはオガサワラカワラヒワを独立種 *C. kittlitzi* とすべきとして、論文の中でも提案しています〈27-3〉。このカワラヒワの研究も隠蔽種発見の一例といえます。

この分類の提案は、つい最近改訂された日本鳥類目録や世界のチェックリストでも採用され、現在はオガサワラカワラヒワは独立種として認められています。推定個体数は200羽以下で、保全の緊急性がとても高く、環境省レッドリストでは絶滅危惧ＩＡ類に選定されています。現在、減少要因の一つとされる外来動物のネズミ類の駆除やノネコの排除などが行われ、個体数の回復に向けて懸命な保全活動が行われています。**（齋藤武馬）**

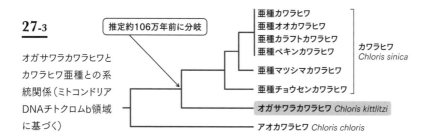

episode 28

「そこにどんな鳥がいるか」を知るためには

日本には何種くらいの鳥がいるか。これは鳥に特段関心のない人にとっても気になる話題ではないかと思います。日本で見られる鳥のリストは、日本鳥学会が発行する日本鳥類目録に載っています。この目録の初版は100年以上前の大正11（1922）年に発行されていますが、その後新しい種がどんどん確認・追加されて版を重ね、日本鳥学会創立100周年にあたる2012年に出版された改訂第7版には、じつに633種の鳥が掲載されています。つい最近発行された改訂第8版では、さらに数十種が追加されました。

少し話題が逸れますが、世界中にいる鳥の種数は、国際鳥類学者連合（International Ornithologists' Union）が出している世界鳥類リスト（IOC World Bird List）Version 14.1によると、1万1032種です。つまり、日本で見られる鳥の633種という数字は世界の鳥の6パーセントほどということになります。なんだそれっぽっちか、と思うかもしれません。しかし、日本の国土の面積が世界の陸域面積の0・3パーセントに満たないことを考えると、日本の鳥類の多様性は面積のわりにとても高いといえます。

さて、これまで日本鳥類目録に掲載されていない種が日本で新たに観察されたとしましょう。これが「日本で見られる鳥である」と認定され、目録に掲載されるためには、どんな手続きが必要でしょうか。そこには厳密な基準があります。「私はこの鳥を日本で初めて見た！」と主張するだけでは、残念ながら目録には掲載されません。主観的な情報は信頼性に欠ける場合があるからです。掲載の基準として、かつては証拠

28-1 標識調査で確認されたことにより日本鳥類目録に掲載された種（亜種）。学名は同改訂第7版に従った　水田ら(2022)を改変。根拠となる学術報告については水田ら(2022)を参照

和名	学名	備考
ヤンバルクイナ	*Gallirallus okinawae*	標識個体の写真と計測値が新種記載の参考となる。
コウライクイナ	*Porzana paykullii*	国内での記録はこの標識個体を含め2例のみ。
キタアラスカハマシギ（ハマシギの亜種）※	*Calidris alpina arcticola*	
アメリカコアジサシ※	*Sternula antillarum athalassos*	アメリカで標識された個体が茨城県で回収される。
インドヨウマミジロアジサシ※	*Onychoprion anaethetus antercticus*	イランで標識された個体が沖縄県で保護、その後死亡。山階鳥類研究所標本(YIO-72228)。
ナンヨウショウビン	*Todiramphus chloris*	
アメリカハヤブサ（ハヤブサの亜種）※	*Falco peregrinus anatum*	
キタヤナギムシクイ	*Phylloscopus trochilus*	ロシアで標識された個体が福岡県で死亡、回収される。
ムジセッカ	*Phylloscopus fuscatus*	
コノドジロムシクイ	*Sylvia curruca*	捕獲時、種不明で標識せず放鳥されたが、その後、色彩と形態により同定される。
チョウセンメジロ	*Zosterops erythropleurus*	
シベリアセンニュウ	*Locustella certhiola*	
マンシュウイナダヨシキリ※	*Acrocephalus tangorum*	
ヤブヨシキリ	*Acrocephalus dumetorum*	国内での記録は4例、うち3例は標識調査による確認。
ウタツグミ※	*Turdus philomelos*	
マキバタヒバリ※	*Anthus pratensis*	

※日本鳥類目録改訂第8版掲載種

となる標本が必要でしたが、現在では標本は必須ではありません。そのかわり、種を同定する根拠が客観的に示された学術報告（もしくはそれに準ずるもの）があることが、目録掲載に必要な条件となっています。

　鳥は空を飛んでよく目につくし、大きな声で鳴く種も多いため、他の分類群、たとえば昆虫や植物などに比べると観察は容易であると思われるかもしれません。しかし実際はそんなわかりやすい種ばかりではありません。藪の中に隠れてなかなか姿を現さない種やあまり鳴かない種など、見つけにくい鳥もかなりいま

28-2

2011年10月27日に新潟市にある福島潟鳥類観測1級ステーションで標識調査中に捕獲されたヤブヨシキリ。捕獲されたことで色彩や形態を詳細に観察でき、本種であると同定された。なお、抜け落ちた羽毛から得られたDNAの分析によってもヤブヨシキリであることが確認されている。小田谷ら（2014）より許可を得て掲載（写真提供：小田谷嘉弥氏）

す。迷鳥のようにそもそも日本にくる機会が少ない種は、人間が発見する前にいなくなってしまうことも多いと考えられます。さらに、野外で見るだけでは他の種と識別が困難な種や亜種もいます。このような見つけにくい種、数が少ない種、識別が難しい種を「確かにいる」と断定するのは、それほど簡単な作業ではありません。そこで一役買うのが標識調査です。標識調査で用いるかすみ網は、藪の中に潜んでいる種や数が少ない種を捕獲するのに有効な道具だし、捕獲し手に持って詳細に観察できることは、識別が難しい種・亜種を同定する際の大きな利点となります。

　標識調査が根拠を提供した結果「日本の鳥である」と認定されたものは、日本鳥類目録改訂第7版と第8版の掲載種のなかで14種・2亜種います〈28-1〉。いずれも、見つけにくい、数が少ない、識別が難しいといった特徴を少なくとも一つは持っており、標識調査で捕獲されなければ「日本の鳥」にならなかったかもしれない鳥たちです。

　これらのうち、たとえばコウライクイナは国内の記録が2個体のみで、そのうちの1個体が標識調査で得られたものだし、ヤブヨシキリは国内の記録4例のうち3例までが標識調査で確認されています（小田谷ら 2014）〈28-2〉。アメリカコアジサシ、インドヨウマミジロアジサシ、キタヤナギムシクイは、海外で足環をつけられた個体が日本小田谷嘉弥・尾崎清明・仲村昇・齋藤武馬（2014）新潟県福島潟におけるヤブヨシキリ*Acrocephalus dumetorum*の捕獲記録. 日本鳥学会誌63(2): 337–341.
引用文献を追加：
水田拓・尾崎清明・澤祐介・千田万里子・富田直樹・仲村昇・森本元・油田照秋（2022）日本の鳥類標識調査―その意義と今後の展望. 山階鳥類学雑誌54(1):71–102.

に飛来して確認されたもので、ここでも標識調査の国際協力が大きな役割を果たしていることがわかります。

日本鳥類目録のようなリストは、生物学の基礎となるばかりでなく、地域の生物相を理解する上でもとても重要です。そのリストをより正確なものにするという意味でも、標識調査はとても重要な手段であると考えられるのです。

ところで、最近「ネイチャーポジティブ」という言葉を聞く機会が増えてきました。これは「２０３０年までに生物多様性の損失を食い止め、反転させ、回復軌道に乗せる」ための合言葉のようなものです。このネイチャーポジティブを達成するために、「２０３０年までに陸と海の30パーセント以上を健全な生態系として効果的に保全する」ことを目標とした「30 by 30（サーティ・バイ・サーティ）」という合言葉もあります。さらに、国立公園などの従来の保護区とは別の目的で保護、管理されている地域のことを指す「ＯＥＣＭ（Other Effective area based Conservation Measures）」という合言葉もありますが、このＯＥＣＭは前述の30 by 30の実現に大きく貢献する手段とみなされています。ＯＥＣＭは、せっかく管理するのであれば生物多様性が豊かであることが望ましいでしょう。ＯＥＣＭの質を評価する生物相の調査は、今後ますます重要になってくるに違いありません。標識調査は、ＯＥＣＭなど特定の地域にどんな鳥がいるかを把握するための簡易で有効な手段になり得ます。つまり、標識調査は「ネイチャーポジティブ」の実現を後押しする調査でもあるのです。

（水田拓）

episode 29

人獣共通感染症と渡り鳥

人間と同様に、野鳥もさまざまな病気にかかります。ヒトにも鳥獣にも感染できる病原体が引き起こす病気は「人獣共通感染症」と呼ばれます。鳥が直接媒介《ばいかい》する可能性がある主な人獣共通感染症として、鳥インフルエンザ、オウム病、サルモネラ症、カンピロバクター症が知られています。また、ウエストナイル熱は鳥の間で蚊がウイルスを媒介しており、ウイルスを保有する蚊に刺されるとヒトも感染します。ライム病や重症《じゅうしょう》熱性《ねっせい》血小板《けっしょうばん》減少《げんしょう》症候群《しょうこうぐん》（ＳＦＴＳ）は、鳥獣間でダニが病原体を媒介しており、病原体を保有するダニに刺されるとヒトにも感染します。

日本は周囲を海で囲まれているため、陸生哺乳類が海外から病原体を運んでくることはありませんが、渡り鳥であれば、体内に病原体をもった状態か、病原体をもったダニがついた状態で海を越えてくることができます。死体や衰弱状態で発見された鳥を検査することで、病原体が確認されることはあります。しかし、その結果からは、外見上は健康そうに飛び回っている野鳥たちのどれくらいの割合が病原体を保有しているのかはわかりません。そこで、標識調査員と獣医チームが協力して、標識調査で捕獲した野鳥の血液や糞等を採取して鳥インフルエンザウイルスの有無を調べたり、体表についているマダニを採取してマダニが保有する病原体を調べたりする調査が行われています〈29-1〉。

一般的な鳥は、高病原性の鳥インフルエンザウイルス（ＨＰＡＩ）に感染すると短期間に重症化して死亡します。しかし、カモ類が低病原性の鳥インフルエンザウイルス（ＬＰＡＩ）に感染して回復することは珍しくないので、一定の抵抗力があり、

29-1

2012年9月21日に北海道にある浜頓別鳥類観測1級ステーションで捕獲されたアオジ。目の周りに多くのマダニがついている。マダニはこのように鳥類に寄生することで長距離を移動する。マダニが病原体を保有していればその病原体も同時に運ばれることになる

ＨＰＡＩに感染しても重症化しない個体がときどきいるようです。そのような個体は長距離移動も可能で、移動先でウイルスを排出し、感染を広める可能性があります。

こんな話を聞くと、「国外から来る鳥をすべて撃ち落とせば自国の鳥インフルエンザ問題は解決だ」と考える人もいるかもしれません。しかしちょっと待ってください。山階鳥類研究所はこれまでに大学などの研究機関と連携して野生のカモ類の捕獲に協力してきましたが、捕獲した数百羽のカモからインフルエンザの陽性反応は出ませんでした。このことから、野外にいる健康そうなカモの大部分はＨＰＡＩウイルスをもっていないことがわかります。海外からやってくる膨大な数の渡り鳥をすべて殺すことは現実的ではないし、そもそも渡り鳥の大半はウイルスをもっていない「無実」の個体なのです。また、仮に渡り鳥が全く来なくなってもＨＰＡＩの流行がなくなる保証はありません。ニワトリを飼っている鶏舎へのウイルス侵入経路はまだはっきりしていません。冬でも繁殖する大型のハエによるＨＰＡＩウイルスの保有・運搬が指摘されているほか、海外からの持ち込みが禁止されている鳥肉製品を人間が持ち込む事例も後を絶ちません。

なお、高病原性の鳥インフルエンザウイルスの由来は、もともと鳥に感染する低病原性の鳥インフルエンザウイルスと、ヒトに感染するヒトインフルエンザウイルスが、東アジアなどの農村で同時にブタに感染し、遺伝子組み換えによって、自然界にはなかった強力な新型ウイルスとして生まれた可能性が高いと考えられています。つまり、ＨＰＡＩで死亡する野鳥は、人間社会が作り出した新型ウイルスの犠牲者である可能性が高いのです。２０２２年から２０２３年にかけて鹿児島県出水市のマナヅルとナベヅルの越冬地でＨＰＡＩが発生し、１５００羽以上のツルが死亡しました。マナヅルとナベヅルは越冬地が限られており、越冬地でのＨＰＡＩ流行は個体群の存続に大きな脅威となっています（63ページ参照）。

２０２１年ごろまでは、ＨＰＡＩウイルスがカモ類などの渡りに伴って冬に北半球で流行するパターンが主で、各国は初冬から警戒を強めていました。しかし、２０２３年には欧州各地の海鳥繁殖地で夏にＨＰＡＩが発生し、親鳥や雛が大量死した事例が報告されています。日本の海鳥繁殖地ではまだこのような状況は報告されていませんが、非常に心配されています。現在ＨＰＡＩウイルスは自然環境に定着してしまっており、根絶はできそうもありません。今後も家禽《かきん》や野鳥集団でのＨＰＡＩの流行監視は必須ですが、より精度の高い予測や予防対策のためには、移動経路が十分に把握されていない渡り鳥の調査を強化する必要もあるでしょう。

標識調査で捕獲した鳥からはこれまでのところＨＰＡＩウイルスは確認されていませんが、鳥についていたダニからは各種の病原体が確認されています。２０１６年以降、山口大学及び国立感染症研究所の研究チームは、全国各地で標識調査中に捕獲された野鳥についているダニを採取してきました。秋の北海道ではダニ寄生率が特に高く、アオジやツグミ類の半数以上にダニが寄生していたこともありました。これらのダニを生かしたまま持ち帰り、ウイルスやリケッチアなどの病原体の有無を検査します。病原体を保有しているダニの割合は1パーセント未満と低いため、毎年数百個体ものダニを検査する地道な作業が必要です。このような研究から、これまで日本で記録されていなかった病原体の株が渡り鳥とダニによって日本に持ち込まれている事実が明らかになりました。

２０１３年に日本で初めて山口県で確認されたＳＦＴＳウイルスも、この数年で確認地域が西日本から本州東部へ急拡大していることなどから、最近海外から持ち込まれた可能性が高いと考えられています。このような新参の病原体は、日本のヒトやペット、野生鳥獣に大きな影響をもたらす可能性もあります。鳥が運んでしまうダニと病原体の実態についてはまだ不明な点が多いため、データの蓄積が求められます。

（仲村昇）

Column

鳥類標識調査への批判に応える

バードウォッチングを大勢で実施すると鳥を驚かせ、皆で同じ鳥を観察することは難しくなります。せいぜい10〜20人が限度と思われます。鳥類標識調査では鳥を捕獲することを伴い、安全に放鳥することが大切なので、一度に参加できる人数がさらに限られます。また保全や密猟防止の観点から、鳥の捕獲方法や実施場所を公開することは積極的には行っていません。

そんな事情もあって、標識調査の知名度や理解度はあまり高くなく、一部に誤解や理解不足を生じることもあります。実際に20年ほど前、調査のために捕獲された鳥を手に持った映像がネット上に掲載されたことが発端となって、標識調査に対する批判的な意見が広がったことがあります。懸念の趣旨は、捕獲された鳥の安全、調査成果が見えづらいこと、保全への活用が不十分なことなどでした。こうした疑問を直接山階鳥類研究所や、事業主体の環境省などに送ってこられる方がありました。そしてネット上での発信が増え、それに賛同する動きもありました。

山階鳥類研究所ではこれを重要な課題ととらえて、疑問に答え理解を得る努力をしました。捕獲時の鳥の安全については、調査中の負傷や死亡を防ぐように改めて注意を促しました。また、事故の報告を取りまとめ、原因を解析しました。事故の原因の多くは、イタチやネコなどの哺乳類やモズなどの鳥類によるもので、それらの害を防ぐには、かすみ網を高めに張ったり、網を見回る間隔を短くしたりすることが有効と推定されました。2008年度に改訂された「鳥類標識調査マニュアル」には、調査の心がけや鳥の安全について追記しました。

また、それまで整っていなかった標識データの帰属や利用の手順を明確にしました。そして、標識調査のデータを用いた論文や報文のリストを標識調査の報告書に掲載することで、利用と発表を促しました。記録をとり始めた2009年から2021年までに、650件以上のリストが得られています。

また、標識調査によって得られた移動回収例は、従来冊子にまとめて発表していましたが、2012年6月25日、前年までの標識放鳥数が500万羽を超えたことを契機に、環境省生物多様性センターのウェブサイトで、すべての回収記録を地図上に種ごとに表示できる「鳥類アトラスWEB版」を公開しました(*1)。これはおそらく世界で初めての試みでした。ちなみに、2022年になってEURING(ヨーロッパ鳥類標識調査連合)が中心になって作った、「ユーラシア・アフリカ渡り鳥アトラス」が稼働しました。ここでは300種の回収記録が地図上に表示されます(*2)。

これら対策の甲斐あってか、近年は標識調査に対する批判も減少しているようですが、今後も調査時の鳥の安全と成果の公開を進める必要があります。

(尾崎清明)

---

*1 鳥類アトラスWEB版 https://www.biodic.go.jp/birdRinging/

*2 Eurasian African Bird Migration Atlas https://migrationatlas.org/

鳥類標識調査について

鳥類標識調査 100年の歴史

固有の番号のついた足環を鳥につけて放し追跡するという科学的・体系的な標識調査を世界で初めて実施したのは、デンマークのハンス・クリスチャン・コーネリアス・モーテンセンです。1899年の開始以来、モーテンセンは多くの鳥に足環をつけて、興味深い成果を次々と得ました。これに刺激を受け、標識調査は瞬く間に世界に広まっていきます。

日本で最初に標識調査が行われたのは1924（大正13）年のことでした。農商務省の内田清之助氏が指導し、ゴイサギの雛に足環をつけたのが初めての試みです。このときの様子は日本鳥学会の機関誌「鳥」に掲載されていますが（著者不詳 1924）、そこには「我国に於て此種の調査は之れを以て始めとする」という堂々の宣言がなされており、この調査にかける当時の人たちの期待や意気込みが伝わってきます。

以来100年、日本の標識調査は続けられてきたわけですが、しかしその歩みは決して順風満帆と呼べるものではなかったようです。ここでは、1924年に始まる日本の標識調査の歴史を簡単に振り返ってみたいと思います。

調査初年度は、6267羽（36種）に標識、そのうち242羽（22種）が回収されたと

1924年6月30日に羽田で実施された、日本で最初の鳥類標識調査の様子。この場所は、現在は羽田空港の駐機場になっている。「鳥」誌4巻18号（1924年）の雑報に掲載された写真を日本鳥学会の許可を得て転載

いうことなので、まずは順調な滑り出しだったといえるでしょう。その後も調査は毎年行われ、1937（昭和12）年には標識数2万3979羽を記録しました。この数字は近年の実績と比べると6分の1程度ですが、調査員の数がいまより少なかったであろうことを考えると、かなりよい成績だと思われます。ところが、せっかく軌道に乗ってきた標識調査も1943年に戦争で中断されます。開始から20年間に積み上げてきた総放鳥数31万6983羽、総回収数1万5379羽の実績も、ここでいったん途切れてしまいました。

戦後の1948年、標識調査は全国100か所で再開されます。しかし調査従事者の確保が難しかったのか、かすみ網の猟師に調査を依頼したため、まともな成果は得られなかったそうです。狩猟法違反を助長する懸念もあったことから、1951年にはまたしても調査は中断されました。

その後10年、調査が行われない時期が続きましたが、1960年に東京で「国際鳥類保護会議」

という国際会議が開かれたことで状況が変わります。当時の農林大臣も招待されたこの会議で、「アジアと汎太平洋地域の国々が渡り鳥の保護を目的とした調査機関を設置し、そのセンターを日本に置くべし」という決議がなされたのです。この決議を重く受け止めた農林省は、1961年から林野庁に予算をつけて予備的な調査を開始し、技術指導や結果の整理・検討を山階鳥類研究所に委託しました。

しかし、標識調査は三度《みたび》、中断の危機に陥ります。それは、調査員不足や調査員育成にかかる予算の不足、その他の問題があったからです。その「問題」について、当時、山階鳥類研究所の鳥類標識室室長だった吉井正氏は、「調査の重要性が一般に理解されず、予算担当の農林省の課長が『鳥学者の自己満足のような標識調査になぜこんな苦労しなければならないのか』と嘆くような状況であった」と述懐しています（吉井1986）。そんなわけで、林野庁の予算はわずか3年で打ち切りになってしまいました。

しかしちょうどこのとき、米軍病理学研究所から山階鳥類研究所に、「ウイルスや寄生虫の分布調査のため渡り鳥に関する資料を収集してほしい」という依頼が持ち込まれます。そこで山階鳥類研究所がアジア地域の標識調査のネットワーク設立の重要性を説いたところ、これが受け入れられ、1963年に移動動物病理学調査所（MAPS：Migratory Animal Pathological Survey）の計画が始まりました。これにより、アメリカから潤沢な資金が提供され（吉井氏によると「農林省予算の数倍もの」金額だったとのこと）、標識調査は継続されることになりました。

MAPS計画は1971年に終了しますが、この間、この計画はアジア地域の標識

著者不詳（1924）雑報. 鳥4(18): 248–249.
吉井正（1986）世界の鳥類標識調査. 鳥類標識誌 1: 6–10.

調査の進展に大きく貢献しました。日本では1971年に環境庁が発足し、標識調査の所管が林野庁から移されました。新しくできた組織なので勢いがあったのでしょう、予算は大幅に増え、全国に鳥類観測ステーションが設置されました。これを機に日本の標識調査は飛躍的に発展するのです。

さて、こうしてざっと歴史を振り返ってみると、いくつか教訓が得られると思います。まず、度重なる中断があっても先人たちが熱意をもって調査を続けてきたということ。国際鳥類保護会議や米軍病理学研究所などときどきに海外から手助けがありましたが、それをうまく活用して調査の継続に結びつけた先人たちの努力の上に、現在の標識調査は成り立っています。また、行政の協力があってこその調査だということも忘れてはなりません。1960年代初頭の農林省の課長のような嘆きをいまの担当者に繰り返させないためにも、自己満足で終わらず成果をきちんと社会に還元する努力を、私たちはしていくべきでしょう。

そしてなによりも、標識調査が続けられるのは平和であるからこそだということ。戦争が激しくなって中断せざるを得なくなったとき、それまで調査に携わってきた人はみな断腸の思いだったであろうと想像できます。標識調査に限らずですが、いまこうして自由に活動できることのありがたさを改めてかみしめたいと思います。

（水田拓）

世界各国の鳥類標識調査

金属足環のことを英国では「リング（ring）」と呼んでいますが、北米では「バンド（band＝帯）」と呼んでいます。装着前の形状が平たい帯状であることからきています。同じ英語を使う国なのに不思議ですね。足環の装着作業については、名詞を動詞化して「リンギング（ringing）」または「バンディング（banding）」と呼んでいます。足環をつける人は「リンガー（ringer）」または「バンダー（bander）」となります。

世界で最も標識調査が盛んに行われているのはヨーロッパで、1963年には欧州各国の標識センターの連絡調整機関としてEuropean Union for Bird Ringing（EURING）が組織されました。現在（2024年）は40か国及びチャンネル諸島（英国王室属領）の標識センターが加盟しており、保護管理などのためにデータを共有しています（英国とアイルランドは同一の標識センターが管理。ドイツ内には3つの標識センターが存在）。EURING全体では毎年300万羽以上（EURING公式サイト上で年間標識数が公表されている国の合計。ロシアなど一部の国は非公表のため右記の合計には含まれない）を標識しており、最多は英国及びアイルランドの年間約91万羽です。移動回収記録（リカバリー）は累計300万件以上登録されています。これらの記録から明らかになった多くの種の渡り経路は各国で「渡り鳥アトラス」として出版されているほか、広域のアトラスとしてユーラシア大陸とアフリカ大陸の間を渡る鳥のデータを集約したEurasian African Bird Migration Atlasが2022年にウェブ公開されています（＊1）。

アフリカ大陸にはユーラシア大陸から多くの渡り鳥が越冬に訪れるため、各国でつけられた足環も回収されることになります。旧植民地と宗主国《そうしゅこく》のつながりで各地にヨーロッパ系住民がいるためか、比較的多くの記録が埋もれることなく欧州などに報告されてきたようです。南アフリカ共和国など一部の国では標識調査が盛んに行われています。

北米大陸では米国とカナダがデータを共同管理しています。両国の合計で毎年120万羽以上が標識されているほか、メキシコでも標識調査が実施されています。米国とカナダでは、国内間及び国際間の回収記録が累計で500万件以上登録されています。北米大陸を中心とした渡り鳥の移動記録は、発信器などによる追跡結果及び観察データなどとともにBird Migration Explorerでウェブ公開されています(*2)。

韓国では米軍による調査の一環として1964〜1970年に調査が行われ、韓国環境省が1993年に再開して以来継続されています。年間標識数は数千羽規模です。中国では1983年に調査が開始され、近年は年に十数万羽が標識されています。

オーストラリア、ニュージーランド、インド、イスラエルなどでも早くから調査が行われており、タイ、マレーシア、モンゴル、イランなどでも実施されています。

アジア、中東、アフリカ、中南米の一部では、予算的な問題もあり、国などの公的機関の事業として鳥類標識調査が行われていない国もあります。これらの国々では、海外から遠征してきた調査チームが標識調査を行うこともありますが、継続的な活動は少なく、一時的な活動に終わることが多いようです。標識調査に関する普及啓発が進んでいない地域では、住民が足環のついた鳥を発見しても報告しないため、残念ながら記録が埋もれてしまうこともあります。

鳥類標識調査員（バンダーもしくはリンガー）になるための訓練内容や認定過程は国によって異なります。欧米では調査員の大部分はボランティアが担っています。EURING内のリンガー数は英国とアイルランドの合計が約2600人と最多で、ドイツ約800人、スペイン約780人、フィンランド約600人、ノルウェー約450人などが続きます。

米国とカナダでは独立して調査可能なマスター許可（Master Permit）を持つバンダー計2300人とマスター許可者の監督の下で調査が可能な許可（Sub Permit）を持つ2900人がいます。以前は「全種類」捕獲可能な許可も発行されていましたが、現在では捕獲許可証それぞれに捕獲してよい分類群が細かく記入されるようになっています。さらに、ハチドリ類とワシ類を捕獲するには専門的な追加訓練を受けて認定される必要があります。体が小さいハチドリは短時間で衰弱してしまうため、高頻度で網を見回る必要があります。また、負荷を減らすために数字を刻印したアルミ箔をハサミで切って足に巻きつけています。

米国では狩猟鳥（Game bird）であるカモ目やキジ目の鳥は、政府職員のバンダーしか標識できません。毎年一定数以上のカモに標識を装着し、狩猟者からの足環回収報告からカモ類の総数や捕獲率を推定し、これらのデータを捕獲枠の拡大や縮小などの狩猟行政に反映させています。ここで問題になるのは、足環のついた鳥を回収

＊1 Eurasian African Bird Migration Atlas
https://migrationatlas.org
＊2 Bird Migration Explorer
https://explorer.audubon.org/home

したハンターが全員報告してくれるとは限らないことです。この問題を解決するため、足環の一部は報告すると懸賞金がもらえる「当たり」足環となっており、通常の足環と「当たり」足環の回収率の差から、「ハンターによる報告率」を算出しています。

オーストラリアでは国際移動する渡り鳥の種が比較的少ないためか、渡りをするシギ・チドリ類の標識調査が複数箇所で大規模に行われています。通常の標識調査許可のほかに、火薬を用いるキャノンネットの許可もあります。オーストラリアの調査マニュアルには「ダチョウ（外来種）、エミュー、ヒクイドリには適切な足環がないため標識しない」との記述があり、お国柄を示しています。

ロシアでは古くから標識調査が行われていますが、ヨーロッパに近い地域での調査実績が多く、日本に近い極東ロシア地域では主にガン類やハクチョウ類、シギ・チドリ類の標識が行われています。小鳥類を含む陸鳥の標識調査は限定的です。

中国や韓国では大部分の標識調査員は政府職員または大学等の研究者で、一般人のみで調査するボランティア制度はありません。

このように、同じ鳥類標識調査でも国によって実施体制は大きく異なっていますが、鳥は国境など関係なく移動するため、国際的な協力関係は不可欠です。

（仲村昇）

Column

日本鳥類標識協会とは

日本鳥類標識協会は、鳥を専門に扱う学協会（学術活動を行う学会や協会の総称）の一つです。1986年2月に発足し、現在の会員数は約400人。会員の大半を鳥類標識調査員（バンダー）が占めていますが、バンダーでなくても、鳥類標識調査を活用した鳥学や活動に興味をもつ人であれば、誰でも入会できます。

主要な活動内容は、年次大会（基本的に年1回）の開催や、論文雑誌やニュースレターの発行、バンダー連携の協同調査、外国標識機関との交流などです。いずれもバンダー相互の交流を図りながら、標識調査の技術向上や資料の収集・研究に役立てることを目的としています。

年次大会とは、全国の会員が各自の調べたこと（研究テーマ）を発表し議論を深める場です。会ったことがなかった全国各地の会員同士が交流する機会にもなっています。近年では、実際には集まらず、オンライン会議形式で開催する年もあります。

論文雑誌は、個々人が調べた研究テーマについて、論文として発表するための媒体です。誰でも投稿が可能で、原稿を投稿すると査読者と呼ばれる専門の審査員によって内容が審査（査読）され、修正を経て完成する（受理される）と雑誌に掲載されます。これは標識を活用した鳥学の研究知見を社会に届けるための活動の一つです。

ニュースレターは論文雑誌のように厳格なものでなく、もっと気楽にさまざまな話題を会員へ提供する会報です。「バンダーニュース」というニュースレターが定期発行されており、その内容はとても幅広いものです。たとえばバンダーが自分の調査地を紹介したり、新しく考え出した調査技術アイデアや、調査を行うのに便利なグッズを披露することもあります。共同調査の実施レポートなどもここに掲載されます。

ほかにも会員専用メーリングリストの運営、団体ホームページの運営も活動の一つです。さらに会員参加型の海外共同調査も実施されてきました。たとえば1997〜2000年にかけてカムチャツカで実施した共同標識調査には、日本から延べ20人が参加して、多くの鳥を捕獲標識するとともに識別等の知見を収集しました。標識調査に興味をもってくださっている方や、将来バンダーを目指す人などは、ぜひ、この協会のホームページ（*1）を覗いていただけたらと思います。

（森本元・尾崎清明）

*1　日本鳥類標識協会　https://www.birdbanding-assn.jp/

日本の鳥類標識調査

日本の鳥類標識調査は、環境省が設置した鳥類観測ステーションの数か所で秋などに渡りのモニタリングが行われているほか、ボランティアのグループや個人がさまざまな調査を各地で実施しています。

基本的な標識調査では、それを目的とした捕獲許可を持つ調査員（バンダー）が、捕獲した野鳥に環境省が提供する金属足環を装着し、種名、性別、年齢などを記録した後、速やかに放鳥します。ほかの研究目的を兼ねて捕獲する場合は、金属足環に加えて発信器などの追跡装置や各種カラーマーク（プラスチック製の色足環や首環、フラッグなど）を装着したり、血液、羽毛、糞、外部寄生虫などの研究用サンプルを採取したりもします。これらの行為を実施するには別に学術捕獲許可が必要です。この許可は所属機関の推薦があればバンダーでなくても取得できますが、環境省の金属足環は配布されません。本書では、金属足環をつける調査のことを厳密な意味での標識調査としていますが、発信器やカラーマークなど何らかの標識のみをつける場合も広義の標識調査であると考えています。ただし、ほとんどの場合は、発信器やカラーマークにも金属足環が併用されています。

日本のバンダーは400人余り（2023年末現在）。大学や博物館などの研究機関や保護団体に所属し業務で標識調査を行う人もいますが、大部分はボランティアとして活動しています。かすみ網と金属足環は山階鳥類研究所が兼ねる鳥類標識センターから配布されるものの、そのほかの調査用具や調査地までの交通費などは自己負担です。居住地から比較的近い場所を調査地として、かすみ網を用いて小型鳥類を標識する人が多いですが、離島や山岳を含む調査地に出かけていく人や、グループで大規模に調査する人たちもいます。一年のなかでは秋の標識数が特に多く、繁殖期など秋以外の時期の調査努力も増加傾向にあります。

日本で標識される鳥の多くはスズメ目の小鳥で、その大部分はかすみ網で捕獲されています。スズメ目のなかではアオジ、オオジュリン、カシラダカに代表されるホオジロ科が最多で、近年の年間標識数（十数万羽）のおよそ4割を占めています。バンダーからみると、現在の日本で秋に最も個体数が多い鳥はアオジということになり、野外観察で目にする数の印象とは異なっています。ほかに標識数が多いのはメジロ、ウグイス、ヒタキ科、シジュウカラ科、アトリ科、ヨシキリ科、ツバメ科、ムシクイ科、エナガ、ヒヨドリ、モズなどです。キツツキ目、カワセミなどもかすみ網の設置環境が合えば捕獲されます。夜間捕獲をしているバンダーは少数派ですが、夜にはヨタカ目、チドリ目、フクロウ目など昼の調査では捕獲されにくい種が標識されています。

かすみ網は高さ2〜3メートル以内に設置されることが多いため、サンショウクイのように地表付近にあまり下りない種はほとんど捕獲されません。また、かすみ網は開けた場所では目立つため設置しないので、開放地を好むムクドリ科、ヒバリ科、セキレイ科の鳥は、見る機会が多い割にあまり標識されません。

海鳥の多くやカワウなどは、水上にいる成鳥の捕獲が難しいため、標識個体の多くは雛のときに繁殖コロニーで手捕りされたものですが、成鳥でも繁殖地の地上での捕獲が可能な海鳥もいます。国内の標識調査地で最も長い歴史をもつのは青森県八戸市

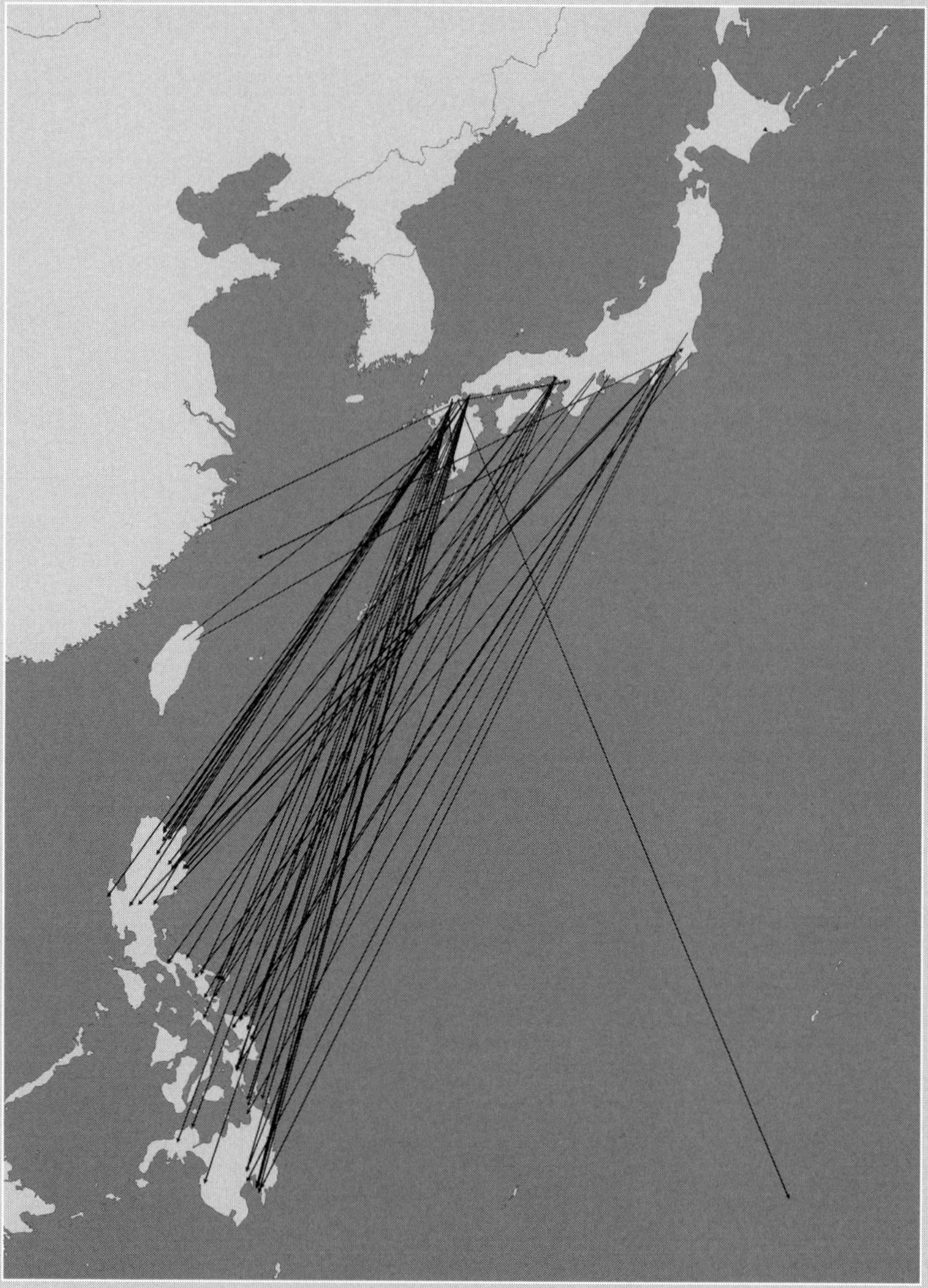

標識調査によって明らかになった夏鳥のアマサギ（上図）と冬鳥のオナガガモ（左図）の渡り。アマサギは主にフィリピンで越冬することが確認されているが、ミクロネシアのカロリン諸島での回収例もある。オナガガモは回収数が多く、渡りのルートを表示すると日本列島が隠されてしまうほどである。極東ロシア地域や北米大陸と往来があり、ロシア中部やウクライナからも回収記録が得られている

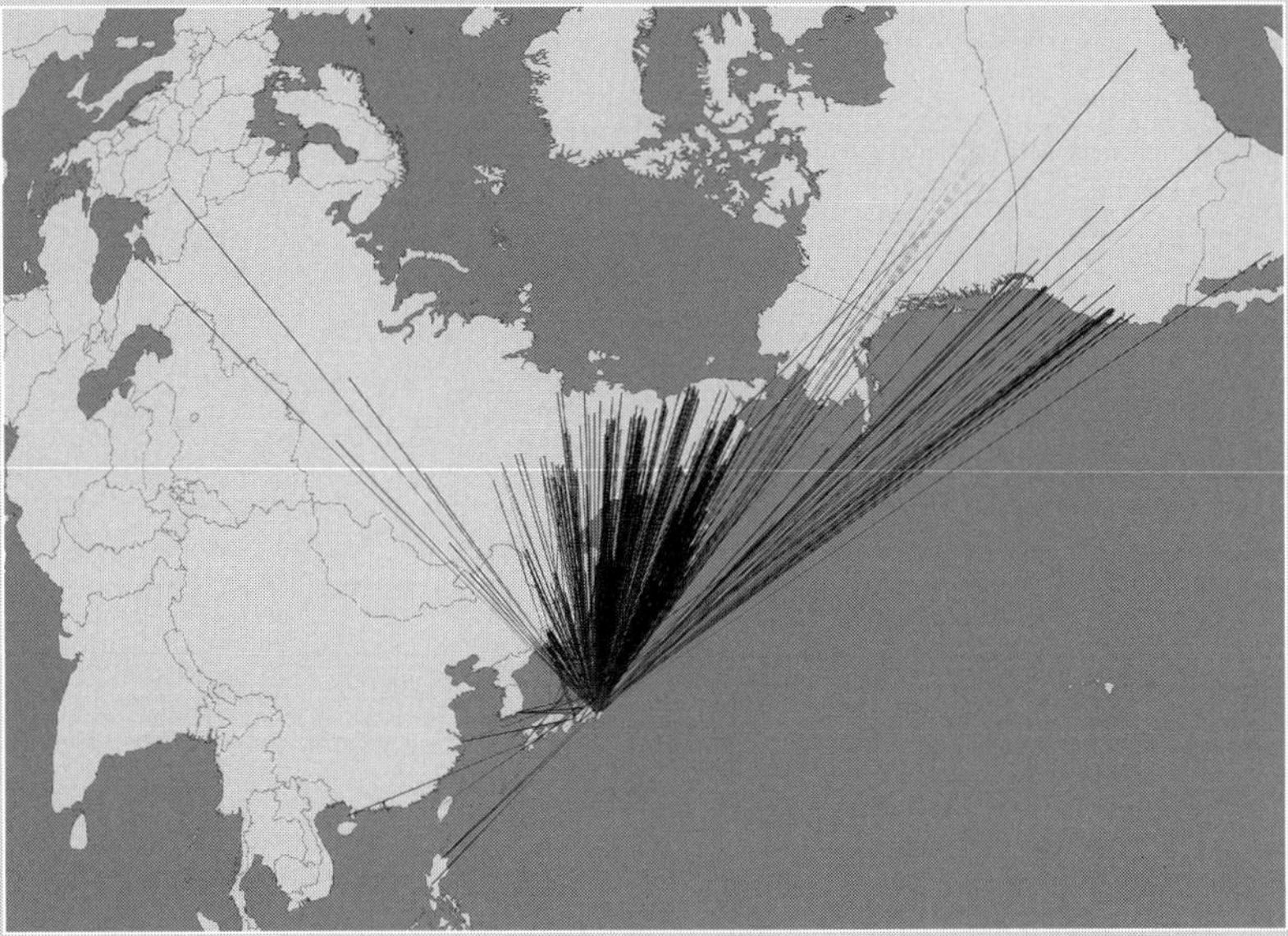

の燕島で、農林省が1927〜1936年にウミネコの雛や成鳥への標識を行い、1966年から現在までは地元の成田憙一《きいち》氏（故人）と成田章氏親子によって多数の雛への標識が継続されています（84ページ参照）。

環境省ウェブサイトで公開されている「鳥類アトラス」（157ページ参照）をみると、主に夏鳥であるツバメやアマサギ、チュウサギがフィリピンをはじめとする東南アジアで多く回収されています。ツバメやサギ類は越冬地である国々で市街地や農地を利用することから、そこに暮らす人々に足環が発見されやすいためと考えられます。

主に冬鳥であるカモ類は、多くの種が国内外で狩猟対象となっており、捕獲した狩猟者からの回収報告が多数得られます。回収記録が特に多いオナガガモは、極東ロシア地域や米国アラスカ州だけでなく、米国及びカナダの内陸部からも複数の回収報告があります。なお、日本で標識されたカモ類の多くは、伝統的な捕獲法を継承してきた2か所の宮内庁鴨場で捕獲されたものです。

シギ・チドリ類やツル類、カモメ類、ハクチョウ類、ガン類などについては、遠方から視認しやすい標識（カラーリングやカラーフラッグ）を併用することで、再捕獲せずに個体を識別することが可能となり、国際間の移動や同一個体の長期生存などについて金属足環単独よりもはるかに効率的に多くのデータが得られています。

このように、日本に渡ってくる鳥の移動データが少しずつ蓄積されていますが、移動先が十分にわかっていない種も多く残されています。極東ロシアや東南アジア諸国で小鳥類の標識調査があまり認知されていないこともその原因の一つです。

日本周辺の国々で標識調査を促進するために、1980年代以降、外務省の政府開発援助として複数の国から鳥類研究者を日本に招いて研修を行ったほか、山階鳥類研究所員らが東南アジアの数か国で講習会を開催しました（38ページ参照）。その結果、一部の国では標識調査の開始につながったようです。また、1990年代以降には民間組織である日本鳥類標識協会が調査状況把握、情報交換などを目的としてロシア、韓国、台湾、ベトナムとの共同調査を実施しました（166ページ参照）。

日本では鳥類標識調査の初期には用語の英訳として欧風のRingingを使用していましたが、なぜか1973年の報告書から米国風のBandingに変わりました。また、1976年度の報告書までは一部に「放鳥（ringed）」という表記が残っていましたが、その翌年から「放鳥（banded）」に統一されました。これに伴い、調査員の英訳も「バンダー（bander）」となったようです。ただ、足環をバンドと呼ぶことについては違和感が大きかったのか、リングから変更されませんでした。このため、現在は欧風のリングと米国風のバンディング／バンダーが混在した状態となっています。

（仲村昇）

標識調査にかかわる法律の話

鳥類標識調査は、鳥を捕まえるという作業なくしては始まりません。日本国内では、野生の鳥類・哺乳類の捕獲は法令で禁じられており、学術研究等の目的で鳥を捕獲する場合には許可が必要です。全国で活動する約４００人の鳥類標識調査員（バンダー）も例外ではありません。彼らは山階鳥類研究所が認定するバンダーとしての資格を持っていますが、実際に調査を行う際は、法令に基づく捕獲の許可も1年ごとに得ておかなければならないのです。山階鳥類研究所では、職員とバンダーの調査に必要な許可のうち、ごく基本的な部分を一括して申請しています。

準備は前年の夏から始まります。手始めに、1月1日から12月31日の調査計画を全員に提出してもらいます。捕獲を予定している鳥種・数・地域・捕獲に使う道具など、さまざまな条件によって許可が必要かどうかや根拠となる法令が違うので、丁寧にチェックします。

許可の申請は「鳥獣の保護及び管理並びに狩猟の適正化に関する法律」「絶滅のおそれのある野生動植物の種の保存に関する法律」の二つの法を中心に進めます。どちらに該当するかは調査対象となる鳥種で決まります。絶滅のおそれがあるために「国内希少野生動植物種」と指定されている鳥種が後者、それ以外のすべての鳥種が前者の対象となります。主にかすみ網を使う鳥類標識調査は、思いがけない種や数の鳥が捕獲されることが特徴でもあるので、一般的な学術研究よりも幅を広く持たせた内容で申請します。

秋には全国10か所の環境省の事務所に、全員の調査計画を反映させた申請書類を提

バンダーが身につける腕章（左）と、バンダーが所有する猟具であることを示す赤い旗（右）

出します。許可証等が発行されたら、翌年の調査に間に合うように職員とバンダーに配布します。最も多いところで一度に１５０人以上の申請をする地域もあり、各事務所の担当官の年の瀬のご苦労を思うと、ありがたいやら申し訳ないやら、足を向けて寝られません。

バンダーは許可証等を受け取ると、さっそくその年の調査を開始します。かすみ網で鳥を捕まえるというと、密猟の様子を想起する方もいるかもしれませんが、実際に調査中のバンダーが密猟と間違われて通報されることもあります。そういった場合にも整然と説明できるよう、バンダー認定証と捕獲許可証等を常に携帯して備えています。腕章を身につけ、かすみ網などの猟具には許可を有することを示す標識と旗を掲示します。1年間の調査が終わると、どの種に何羽足環をつけて放したかという報告を添えて、古い許可証等を地方環境事務所に返納し、また新たな許可証等を受け取って次の1年間の調査に臨むのです。

バンダーによっては、調査中に鳥類標識調査以外の処置を行うこともあります。代表的なものは、カラーリングやフラッグ、首環、ウィングタグなどの金属足環以外の使用、ＤＮＡを得るための血液採取などです。これらは山階鳥類研究所で一括申請する内容に含まれないため、それぞれのバンダーが自身で許可を取得します。文化財保護法で指定された国指定天然記念物、地方の条例で指定された希少種や天然記念物、立ち入りや工作物の設置が法令で制限されている場所など、基本の二つの法以外の許可が必要な場合もあり、山階鳥類研究所がバンダーの許可申請をサポートする体制をとっています。

さて、調査中に特定外来生物（鳥類で現在定着しているのはガビチョウ類とソウシチョウ）が捕獲されることもあります。せっかく特定外来生物が捕獲されたのだから駆除するのだろうか？　放したら違法になるのでは？　という疑問をもたれる方もおられるかと思います。特定外来生物について定めた「特定外来生物による生態系等に係る被害の防止に関する法律」では、個体を移動させたり、飼育されている個体を野外に放すことは禁止されていますが、捕獲直後にその場で放すキャッチ＆リリースは禁止されていません。またガビチョウ類やソウシチョウも野生の鳥類で「鳥獣の保護及び管理並びに狩猟の適正化に関する法律」の対象なので、鳥類標識調査のために申請した処置だけが許可されています。ですから他の一般種と同様に、駆除・飼養せず、足環をつけたらすぐ放します。

法令はある意味生き物のようなもので、世の中の変化に合わせて内容も解釈も少しずつ変化します。法改正で新たな種や地域が指定されたり、申請時に提出すべき書類が変わることもあります。山階鳥類研究所の職員は年中アンテナを張って法改正に関連するニュースをキャッチし、バンダーが改正法施行日以降も調査を続けられるよう、追加の許可申請を準備します。許可申請は鳥類標識調査開始以来、途切れることなくともにありましたが、１００年目を迎えてもなお「前回と同じように」とはいかなそうです。なかなか骨の折れる仕事ですが、これからもバンダーが正しい許可を持って安心して調査ができるよう、縁の下の力持ちでありたく思います。

（千田万里子）

バンダーになるには

読者の皆さんのなかには、鳥や自然が好きで、「鳥類標識調査員（バンダー）になってみたい！」という興味から本書を手に取ってくださった方もいるのではないかと思います。もしかしたら「インターネットでバンダーになる方法を調べたけれど、よくわからなかった」という人もいるかもしれません。確かに、環境省や山階鳥類研究所の標識調査を解説しているウェブサイトをみても、そうした情報はほとんどありません。「お問い合わせ先」は載っているものの、電話やメールをするのには勇気がいるものです。そこで、ここではバンダーになるまでの流れを解説します。

どうやったらバンダーになれるのでしょう。バンダーは、「鳥にケガをさせず安全に扱うことができる技術」や「捕獲した鳥の識別をきちんとできる技術」をもち、職業としてではなく、自らの意思で環境省標識調査の調査員となっています（そのため「ボランティアバンダー」とも呼ばれます）。バンダーになると免許証のような「バンダーライセンス」が発行されます。これは山階鳥類研究所が独自に発行している民間資格です。国家資格ではありませんが、バンダーは「環境省鳥類標識調査用足環」を使った捕獲調査を実施する調査員ですから、この資格制度の設計や運用には国（環境省）もかかわっています。このため、バンダーの教科書ともいうべき「鳥類標識マニュアル」（山階鳥類研究所 2009）は、環境省の標識調査ホームページで公開されています。

バンダーになるためには、身につけないといけない技術がたくさんあります。バードウォッチングレベルに鳥の種同定をできることは当然として、手元の鳥を正確に判定できなければなりません。たとえば、双眼鏡でオオルリのメスとキビタキのメスを見分けられていたバードウォッチャーであっても、捕獲調査で手元、つまり目の前でその種を見るとなかなか識別できない、といったことが起こります。そのくらい、捕獲時に手元の鳥を識別する技術は、バードウォッチングの際の技術とは別ものなのです。

さらに、羽毛の擦れ方や色や形から、幼鳥か成鳥かといった齢や性別を判定する知識、ノギスやスケールで正確に鳥を測定する技術も身につけないといけません。何より大事なのは「鳥を安全に扱える技術」です。鳥を弱らせない持ち方や、捕獲道具の使い方、鳥が弱りそうな天候をいち早く察知して対処するノウハウなど、さまざまな注意点があります。特に許可がないと使えない特殊な用具であるかすみ網の扱いには習熟が必要ですし、さらに、さまざまな関連する法律についても理解しておく必要があります。こうした特殊技術や専門知識は、一朝一夕に身につくものではありません。

ではバンダー候補の人たちは、こうしたことをどうやって勉強しているのでしょうか。それは、指導してくれる先輩バンダーの調査地へ足しげく通い、いっしょに調査へ参加するなかで、少しずつこうした技能を身につけていくのです。早い人なら2年くらい、長い人だと数年かけて習得します。

そして、十分な実力や知識が身についていると判断されると、候補者は指導役のバンダーに推薦書を書いてもらい、新人バンダーを認定するための「バンダー講習会」への参加申請を山階鳥類研究所へ行います。バンダー講習会は、新人バンダーを育成するための講習の場であると同時に、ライセンス認定試験の場でもあります。バンダー講習会は実技講習会と座学講習会（ともに1回あたり3日間）で構成されており、この講習中に同席する講師は、候補者が十分な技能をもっているか、自然や野鳥に対する姿勢は問題ないかなどを確認します。候補者は実技講習会を2回受けなければならず、それぞれでは必ず別の講師が務めます。この仕組みにより、特定の講師一人の判断でなく複数人の講師による判断が行われ、候補者の技能を客観的に評価できるよう制度設計されています。座学講習会では標識調査の歴史や意義、調査から得られる成果や今後の課題、法律に関する知識などを受講します。また、写真や標本を用いた識別技能のテストも行われます。これらに合格し問題がなければ、晴れて翌年から新人バンダーとして活動することができるようになります。

なお、バンダー講習会を受講する候補者は、すでにライセンスを持つ推薦バンダーが自信をもって推した人物、十分に技術や知識をつけた人です。それゆえ山階鳥類研究所は、お互いの信頼関係を重視し、試験会でなく講習会という名称を使用しているのです。

バンダーになると、山階鳥類研究所を通じて環境省から鳥獣捕獲許可証を毎年取得し、かすみ網などの捕獲用具を法的許可のもとで扱うことができるようになります。鳥に装着するための環境省鳥類標識足環の管理も任されます。バンダーは毎年、自身の調査結果を標識センターへ報告しなければなりません。

なおバンダーは環境省の下請けではありません。自分で設定した調査地で、自分で決めた調査を行うのです。国や山階鳥類研究所に調査地を指定されるのではなく、バ山階鳥類研究所（2009）鳥類標識マニュアル（改訂第11版）. 山階鳥類研究所.（オンライン） https://www.biodic.go.jp/banding/pdf/banding_manual.pdf

ンダー自身が自分の調査内容を自ら考えなければなりません。つまりバンダー自身に独自の主体性が存在しています。バンダーは、自ら調べたい科学的調査を行う、いわば一人の市民科学者なのです。

（森本元）

バンダー講習会の様子。新人バンダー候補者が参加する催しで、講習と審査を兼ねており、実技と座学で構成されている

標識のついた鳥が発見されたとき

近年は鳥に興味をもつ方の多くが「山階鳥類研究所では鳥に足環をつけて調査している」と認識くださっているようで、たいへんありがたく思っています。そうでない方も、「足環」や「鳥」といったワードでインターネット検索すると、上位に山階鳥類研究所のホームページが出てきますので、私たちのもとには毎日のように「足環のついた鳥を発見しました」と報告が寄せられます。標識をつけた鳥が移動先で確認される事例は年間1300～1500件ほどありますが、そのうち標識調査員（バンダー）による再捕獲は約3分の1、残りは一般の方による再発見となっており、この調査は一般の皆さんの協力なくしては成り立ちません。

さて、いただくご報告のなかには、すぐには鳥の素性がわからないものも多くあり、職員は日々身元捜しに奮闘しています。現場での地道な捜査の様子を、簡単にご紹介しましょう。

まずは鳥の種類や足環の素材、刻印などを手掛かりに、何の目的でつけられた標識

最も小さい1番サイズの金属足環（キクイタダキやメボソムシクイ用、0.03g）と、最も大きい15番サイズの金属足環（ハクチョウ用、12.16g）

製造年代による金属足環の刻印の違いの例。8Aリングは、2003年製造の40000番代から刻印が改良され、読み取りやすくなっている

なのかを特定します。鳥に装着される標識はさまざまです。国内外の研究者が独自に使用している標識、ペット用の標識など、誰がつけたのかを私たちが把握していないものが報告されることもよくあります。

いちばんよく寄せられる情報はやはり、片方の足につけられた、銀色にキラリと光る金属足環の報告です。現在環境省が発行している金属足環には、「KANKYOSHO TOKYO JAPAN」という文字と、一つ一つに異なる記号と番号が7〜8桁で刻印されています。設計当初は、再び捕まえるか、死骸で発見された際に肉眼で刻印を読み取ることを想定していましたので、野外で撮影した写真から解読するのは至難の業でした。それがいまではカメラの性能の向上に助けられ、ちょこまかと動く小鳥の足環を鮮明に捉えた写真も珍しくなくなりました。ただ、記号と番号は足環の全周にぐるりと刻印されているために、1アングルではそのうち一部しか写らず、個体を特定するための7~8桁がそろいません。そんなときは、写真の刻印と、山階鳥類研究所に保管されている実際の足環を見比べます。この鳥ではどのサイズの足環を使うことが多いか、見えている記号と番号は何桁目なのか、書体や配置はいつごろ製造された足環の特徴かといった情報から、写っていない記号と番号を絞り込んでいくのです。そして、これまでに足環をつけた個体のうち、同じ種・記号・番号の条件に合致する個体が何羽いるか、データベースから抽出します。判明した記号と番号の字数が多いほど、またこれまでに足環をつけた個体が少ない種ほど、候補になる個体の数が少なくなり、特定率が上がります。

約3~5割の報告ではカラー標識が併用されており、特定はかなり楽になります。固有の刻印や色の組み合わせをもつものは、金属足環の刻印が一対一で対応しているので、金属足環の刻印が全く読めていなくてもよいのです。とはいえカラー標識はプラスチック製が大半のため、解読は劣化による欠け・褪色《たいしょく》・脱落との闘いでもあります。海外で装着されたものも多く、その国々の標識調査を監督する機関などに連絡して、足環をつけたときの情報を照会します。

一方で、金属足環がない場合は、鳥類標識調査と直接関係がないことを意味しますので、山階鳥類研究所では詳しいことがわかりません。しかし、報告してくださった方には何がしかの答えをお知らせしたいものです。研究用の標識らしいときは「○○という鳥に○色の○○をつけている事例を知らないか」と人づてに探し、見つかればそちらにつなぎます。全国の警察からはペット、近年は特に猛禽類のお問い合わせが目立ちます。伝書鳩や一部の小鳥類は所属団体発行の足環をつけているので、団体経由で飼い主が特定できることがありますが、出所がわからない足環ですとお手上げです。日常的に迷子の危険がある猛禽類には、連絡先のついた足環や、居場所を追跡できるGPSをぜひつけてあげてほしいと思います。

ところで、現代では、ネットでさまざまな素材の標識を注文することができます。調査研究でカラーマークを用いる機会の多い私たちにとっては、たいへん便利になりました。これには、かつて一部の研究者などに限られていた、鳥を標識するということの敷居が下がるという側面もあります。実際に、複数の組織で使われている標識が偶然一致してしまったために身元の絞り込みが難航したり、模造品が思いもよらないところで使用されて騒ぎになるなど、新たな悩みも生まれています。

標識をつけた鳥が野生なのかペットなのか、その標識が何の目的でつけられたのか、標識に何が刻印されているのか、一般の方には判断が難しいところが多いです。そんなときこそ日頃から足環を見慣れた職員の出番ですので、「もしかして標識……？」と思われましたら、遠慮なくお問い合わせください。窓口として、従来の郵便やメールに加え、山階鳥類研究所ホームページに「標識報告フォーム」を新たに設けていますので、検索してそちらもぜひご活用ください。

（千田万里子）

標識調査と山階鳥類研究所

鳥類標識調査と山階鳥類研究所のかかわりは、１９６０年、東京で開催された国際鳥類保護会議（バードライフ・インターナショナルの前身）に端を発します（１６０ページ参照）。この総会で、アジアならびに汎太平洋地域の渡り鳥の調査と保護を目的にこの地域に中央機関を設置すること、そしてセンターをまず日本に設けることが決議され、林野庁（農林省）は翌年から３年間の予備調査を計画し、その仕事を山階鳥類研究所に委託したのです。その後、１９６６年からは農林省、１９７２年からは環境庁が鳥類標識調査を継続し、現在まで山階鳥類研究所に委託して実施しています。

この国際鳥類保護会議の東京開催を計画して、実施のために大蔵省（現財務省）や農林省からの補助金を獲得し、農林大臣の会議への参加を実現させたのは、山階鳥類研究所の創設者であり、当時農林省中央鳥獣審議員などを務めていた山階芳麿《よしまろ》博士の働きによることはいうまでもありません。また会議の直前に山階鳥類研究所職員となった吉井正さんは、林野庁の予備調査から、１９６３年に開始され標識調査発展の契機となったＭＡＰＳ（移動動物病理学調査）プロジェクト（１６０ページ参照）、そして環境庁へ標識調査の所管が移された際のいずれの場面でも日本のリーダーとして活躍しました。吉井さんは前職の米軍総合医学研究所鳥類室で１９５１～１９５７年に千葉県新浜鴨場《しんはまかもば》などでサギ類の標識調査に従事しており、そのときの上司であったE・マックルアー博士がMAPSプロジェクトの責任者となるなど、標識調査と山階鳥類研究所をつなげる役目も担いました。

標識調査と山階鳥類研究所のかかわりを個レベルでみてみると歴史はさらに古く、1931～1932年には、山階鳥類研究所の山田信夫研究員が伊豆諸島の鳥島でアホウドリ類の日本で最初の標識調査を実施しています。また1968年から山階鳥類研究所の資料室長を務めた松山資郎さんは、前職の農林技官の時代に、鳥類標識調査を日本で開始した内田清之助氏の門下でゴイサギ等の調査を行っていました（内田・松山 1935）。なお、この内田氏は山階鳥類研究所の評議員でもありました。また、最初の標識調査は羽田の黒田家の鴨場で、黒田長禮《ながみち》博士（山階鳥類研究所二代目の所長である黒田長久博士の父）が熱心に従事したとの記録もあります（著者不詳 1924）。

こうした個人的な関係も含めると、山階鳥類研究所は標識調査とその黎明期《れいめいき》から現在に至るまで深い関係を継続してきたといえるでしょう。果たしてこれからの100年はどうなっているでしょうか。

（尾崎清明）

著者不詳(1924)雑報．鳥4(18)：248–249.
内田清之助・松山資郎(1934)鳥類標識法によるゴイサギの習性に関する調査成績．鳥獣調査報告：123–158.

あとがき

2024年6月30日、標識調査開始からちょうど100年目のこの日、当時の調査地を訪ねてみた。地図と昔の空中写真を見比べた結果、中央左寄りにとまっている日本航空機の前方に黒田家の鴨場があったことがわかった。当然のことながら池は埋め立てられゴイサギの繁殖する木々もなくなっているが、手前のヨシ原ではオオヨシキリやセッカ、ヒバリなどの囀りが聞こえ、往時の賑やかさがわずかに偲ばれた

東京モノレール天空橋駅に隣接する羽田イノベーションシティの建物の屋上から北の方角を眺めると、目の前に羽田空港の駐機場が広がっています（写真）。いまでは空港の西端に位置するこのあたり一帯は、かつては「鈴木新田」と呼ばれる開墾地で、その中に黒田侯爵家が所有する鴨場（カモ捕獲用の池）も存在していました。池の周辺には松林や竹藪が生い茂り、カモだけでなく多くの鳥たちが生息する場所でした。

１９２４年６月30日。その黒田家の鴨場近くの森において、ゴイサギの雛１００羽にアルミニウム製の足環をつける調査が行われました。参加者は内田清之助氏、黒田長禮侯爵以下７名。「我国に於て此種の調査は之れを以て始めとする」と宣言されたこの試みから、日本の標識調査の歴史が始まったのです。

本書、『足環をつけた鳥たちが教えてくれること』は、１９２４年の調査に始まり、紆余曲折がありながらも脈々と続けられてきた鳥類標識調査の歩みとその成果について、１００周年を記念してまとめてみようという意図で出版されました。鳥

はどこからどこまで移動しているのだろう――そんな素朴な疑問から始まった標識調査は、しかしその疑問の答えを出すだけにとどまらない、多くの成果を生む間口の広い調査に発展しました。足環をつけた鳥たちは、私たちにどんなことを教えてくれるのでしょう。調査から明らかになってきたさまざまな成果を、できる限りたくさん紹介するのが本書の狙いです。

本書の出版にはほかにも目的があります。一つは、この調査に参加する人を増やしたいという願いです。現在、日本には400名ほどの鳥類標識調査員（バンダー）がいますが、残念ながらその数は減少傾向にあります。バンダーの数の減少は取得するデータの減少に直結し、ひいては調査の衰退につながりかねません。本書を読んだ人の中から、将来この調査を盛り立ててくれる人が出てきたなら、著者一同たいへんうれしく思います。

もう一つは、やや大上段に構えた言い方にはなりますが、標識調査を通じて生物多様性保全の大切さを広く社会に伝えたいという思いです。本書の中でも伝えてきたとおり、標識調査は生物多様性保全に資するものであると私たちは考えています。しかし、それにもかかわらずこういった地道な調査はその重要性がなかなか理解されず、予算がつきにくいのが現状です。標識調査に限らず、自然環境に関する地道な調査が発展していくためには、多くの人が「生物多様性って大切だよね」と考える社会になることが重要です。本書がそういう社会の実現にほんの少しでも寄与することになれば、と考えています。

標識調査には本当に多くの方々がかかわっています。環境省生物多様性センターの担当者の皆様は、なかなかとらえどころのないこの調査を理解し事業を円滑に進めるようご尽力をいただいています。全国各地の行政関係者には、たくさんある調査の許認可の手続きを迅速に進めていただいています。バンダーの皆様は、その情熱と知的好奇心をもって日々データの収集に励まれています。さらに、足環のついた鳥を見つけて連絡をしてくれる多くの一般市民の皆様のご協力の上に、この調査は成り立っています。これら多くの皆様に、この場を借りて感謝申し上げます。

最後になりましたが、本書の意義をご理解くださり出版を進めていただいた山と溪谷社の手塚海香様、編集者の藤本淳子様、そして標識調査を紹介するすてきなイラストを描いていただいた鈴木まもる様に、心からお礼申し上げたいと思います。

2024年8月30日　執筆者を代表して　**水田拓**

執筆者紹介（五十音順）

浅井芝樹（あさい・しげき）

皇居で行われた長期センサスデータの分析法を検討中。標識調査にも適用できる分析法になると考えている。

岩見恭子（いわみ・やすこ）

標本収集及び製作・管理担当。初めて足環を装着した鳥はトビ。現在は標本製作を日々行いながら形態や標本研究に取り組む。

小川博（おがわ・ひろし）

山階鳥類研究所所長。家禽学が専門で、特にアフリカ原産のホロホロチョウの繁殖生理に関する研究をベースに、家禽としての普及を図っている。

尾崎清明（おざき・きよあき）

1975年に標識調査を開始、ツル・アジサシ類などの渡り調査、東アジア各国で標識調査講習を実施。ヤンバルクイナなど希少鳥類保全の研究を行う。

小林さやか（こばやし・さやか）

標本や標本材料の受け入れ、法的手続き、維持管理などを担当。古い標本に魅せられて、採集者や入手経緯などの歴史を調べている。

齋藤武馬（さいとう・たけま）

特にスズメ目鳥類の分子系統地理学や分類に興味がある。現在はＤＮＡバーコーディング分析やＤＮＡ試料の収集・管理を業務として行っている。

澤祐介（さわ・ゆうすけ）

自身が標識したユリカモメがロシアで再確認されたことで、渡り鳥の世界に魅了される。現在はガン類を中心に渡りの研究を行っている。

千田万里子（せんだ・まりこ）

足環の情報の収集、バンダーとの連絡、データベース管理とシステム構築、許可申請など、標識調査を円滑に進めるための内勤業務を担っている。

富田直樹（とみた・なおき）

アホウドリ調査やモニタリングサイト1000の海鳥調査を担当し、年中島を渡り歩いている。最近はセンカクアホウドリを探して海にも出ている。

仲村昇（なかむら・のぼる）

小鳥類やシギ・チドリ類の標識調査、網と足環の在庫管理を担当しているほか、さまざまな捕獲技術の収集・研究を行っている。

平岡考（ひらおか・たかし）

山階鳥類研究所参与（広報担当・専門員）。広報の前は標本の収集整理を長く担当していた。本書では頭骨の骨化のようすの写真が使えて良かった。

水田拓（みずた・たく）

標識調査の統括を務めるほか、奄美大島に生息する希少種の生態や保全に関する研究を行っている。本書では編集作業全般を担当した。

森本元（もりもと・げん）

専門分野の山地鳥類や都市鳥、鳥の色彩等の研究を進めるのと平行し、標識事業の主担当として報告書やニュースレター、講習会運営等を担っている。

油田照秋（ゆた・てるあき）

進化生態学や繁殖生態学に興味があり、これまでシジュウカラ、トキ、アホウドリなどを、足環による個体識別をしながら研究を行っている。

公益財団法人《こうえきざいだんほうじん》 山階鳥類研究所《やましなちょうるいけんきゅうじょ》

鳥類の研究、鳥類学の普及啓発活動を行う公益財団法人。千葉県我孫子市にあり、約8万点の鳥類の標本や、約7万点の図書・資料を擁し、日本の鳥類学の拠点として基礎的な調査・研究を行っている。また、研究論文を掲載する学術雑誌や研究活動をわかりやすく紹介するニュースレターの発行、所員による講演会なども行う。昭和7（1932）年に山階芳麿博士が私財を投じて東京都渋谷区南平台にある山階家私邸内に建てた鳥類標本館が前身。1986年から秋篠宮殿下が総裁を務める。

山階鳥類研究所
ホームページ
https://www.yamashina.or.jp

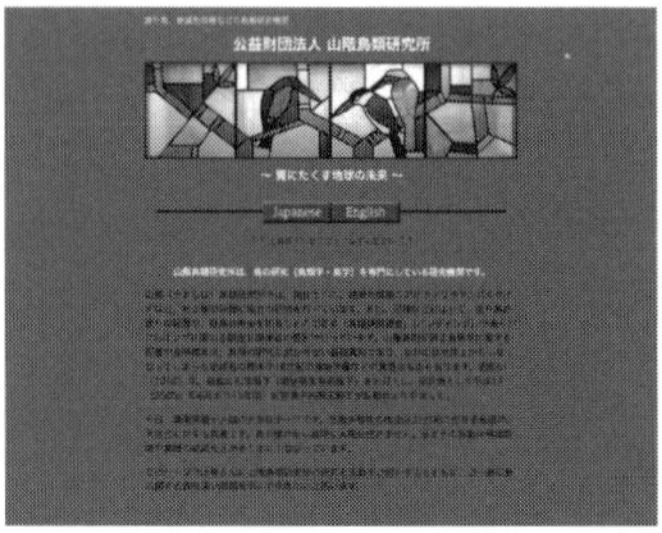

足環のついた鳥を見つけたら？

足環などの標識をつけた鳥を見つけた場合は、以下のホームページを見て、山階鳥類研究所までご連絡ください。鳥類標識調査の進展には皆様からの情報がたいへん重要です。ぜひご協力をお願いします。

お問い合わせはこちらから

https://www.yamashina.or.jp/hp/ashiwa/ashiwa_index.html#ashiwa

---

オンラインでの報告

https://www.yamashina.or.jp/hp/ashiwaform/

公益財団法人 山階鳥類研究所
Yamashina Institute for Ornithology

標識報告フォーム

標識をつけた鳥たちから得られるデータは、野鳥に関する基礎的な生態を知る手がかりとなり、鳥たちとその生息地の保護にたいへん役立ちます。
皆様のご理解とご協力をお願いいたします。
足環、首環その他の「標識」が装着された野鳥を観察された方は以下の項目をご記入の上、確認ページへ進んでください。

報告者・観察者情報

報告者

メールアドレス　例) tarou@yamashina.or.jp

お名前　日本語表記　例) 山階 太郎　ローマ字表記　例) Yamashina Tarou

観察者が報告者と別

観察情報

観察年月日　年 /月/日

発見場所の座標か発見場所・住所などのどちらかは必ずご入力ください。

発見場所の座標　緯度　例) 35.6812405　経度　例) 139.7649381

地図上をクリックしてピンを設置して緯度経度を入力できます。

地図　航空写真

イラスト　鈴木まもる
デザイン　井上大輔（GRiD）
写真協力　青木大輔・上原勝・小田谷嘉弥・今野怜・佐藤達夫・園部浩一郎・出口翔大・中村さやか・Clive Minton・Sonia Rozenfeld
校正　與那嶺桂子
編集　藤本淳子・手塚海香（山と溪谷社）

足環をつけた鳥が教えてくれること

発行日 2024年11月1日　初版第1刷発行

著者　公益財団法人 山階鳥類研究所
発行人　川崎深雪
発行所　株式会社 山と溪谷社
〒101-0051
東京都千代田区神田神保町1丁目105番地
https://www.yamakei.co.jp/
印刷・製本　株式会社シナノ

◉ 乱丁・落丁、及び内容に関するお問合せ先
山と溪谷社自動応答サービス　TEL. 03-6744-1900
受付時間／11:00-16:00（土日、祝日を除く）
メールもご利用ください。
【乱丁・落丁】service@yamakei.co.jp
【内容】info@yamakei.co.jp

◉ 書店・取次様からのご注文先　山と溪谷社受注センター
TEL. 048-458-3455　FAX. 048-421-0513

◉ 書店・取次様からのご注文以外のお問合せ先
eigyo@yamakei.co.jp

ISBN978-4-635-23019-3